分划递推法中泛型约束机制

左正康 王昌晶 著

科学出版社
北京

内 容 简 介

本书是作者在泛型程序设计领域多年研究的结晶，通过研究分划递推法中泛型约束机制的设计与实现，向读者展现泛型约束机制可解决一系列复杂泛型约束问题。读者阅读本书之后，既可对泛型程序设计有更深入的了解，也可参考本书提供的方法解决实际程序设计中可能会遇到的一些难题。

本书适合程序设计语言原理及软件形式化方向的高年级本科生、研究生和相关教师阅读，对从事可信软件行业的相关人员也有一定的借鉴和参考意义，对一般程序员深入了解程序设计语言原理有一定帮助。

图书在版编目（CIP）数据

分划递推法中泛型约束机制 / 左正康，王昌晶著. —北京：科学出版社，2022.8

ISBN 978-7-03-071072-7

Ⅰ. ①分… Ⅱ. ①左… ②王… Ⅲ. ①程序设计-方法-研究 Ⅳ. ①TP311.11

中国版本图书馆 CIP 数据核字（2021）第 279004 号

责任编辑：孙伯元 纪四稳 / 责任校对：崔向琳

责任印制：吴兆东 / 封面设计：蓝正设计

科学出版社 出版

北京东黄城根北街 16 号

邮政编码：100717

http://www.sciencep.com

北京厚诚则铭印刷科技有限公司 印刷

科学出版社发行 各地新华书店经销

*

2022 年 8 月第 一 版 开本：720×1000 1/16

2023 年 8 月第二次印刷 印张：7

字数：133 000

定价：98.00 元

（如有印装质量问题，我社负责调换）

前 言

如今，计算机软件系统的发展日益复杂，开发难度更是不断增加。传统的开发方法主要依靠手工方式，存在效率低下、质量欠佳、正确性难以保证等问题。泛型程序设计(generic programming，GP)是将一类软件表示为互操作性更强、适用范围更广的泛型表示形式，具体的软件可通过对泛型程序的参数实例化而获得。泛型程序设计可以大幅度提高程序的可重用性、可靠性和开发效率，使建设软件构件工厂的理想得以实现。

泛型程序设计在提出之后，并没有包含安全语言泛型机制，从而带来了一系列严重的安全性问题。泛型约束机制是对泛型参数进行形式描述，并对其合法性进行检测及验证，从而保证泛型程序的可靠性和安全性。现有 C++、Java 主流语言泛型约束机制仅限于类型参数约束，且存在抽象程度不高、不易于形式验证等不足，严重限制了泛型程序设计方法的应用范围。本书研究分划递推(partition and recur，PAR)法中泛型约束机制的设计与实现，基于代数结构语义和 Hoare 公理语义提出类型和操作约束机制在抽象程序设计语言中的设计方案，并建立 PAR 平台泛型约束匹配检测与验证模型及其相关算法。

针对上述目标，本书主要进行如下几个方面的工作：

(1) 在 PAR 中设计抽象约束机制，提出标准数据类型约束的代数结构描述方法、理论和实现技术，拓展泛型程序设计数据类型约束的应用范围。

(2) 实现操作约束功能，提出操作约束基于 Hoare 公理语义描述的方法，使用 Dijkstra 最弱前置谓词验证理论和 PAR 中循环不变式开发的新定义和新策略，借助 Isabelle 定理证明器，验证实例操作参数与操作约束的匹配关系。

(3) 设计 PAR 平台泛型约束匹配检测及验证模型及其相关算法，支持完善的模块化约束匹配自动检测及形式验证，并进一步设计泛型约束机制在 PAR 平台的实现方案及其系统原型。

(4) 通过一个典型的基于闭半环代数结构约束的 Kleene 泛型算法展示该类型约束机制的设计与实现方法；通过一个基于排序类操作约束的二分搜索算法和基于后序遍历类操作约束的中缀表达式求值算法展示该操作约束机制的设计与实现方法。

本书面向从事计算机科学与技术和软件工程相关专业的高校教师、研究生和高年级本科生，向读者展现了 PAR 中泛型约束机制的设计与实现，保证泛型程序的可靠性和安全性。其中江西师范大学计算机信息工程学院左正康负责本书第1～6章的撰写；王昌晶负责本书第7章的撰写。

本书的出版得到国家自然科学基金项目(61862033、61762049)，以及江西省自然科学基金项目(20202BABL202026、20202BABL202025)的支持；江西师范大学计算机信息工程学院硕士研究生黄志鹏、王玥坤、孙欢对本书的初稿进行了部分校审，在此一并表示诚挚的谢意。

由于作者水平有限，书中难免存在不足之处，敬请广大读者批评指正，如有问题，请发邮件至 zuo803@jxnu.edu.cn。

左正康、王昌晶

江西师范大学

目　录

第1章 绪　论

1.1 研究背景

泛型程序设计是指设计程序不仅可以使用数据作参数,还可以使用数据类型、操作、构件、服务和子系统等作参数。1968 年，McIlroy 等[1]提出可重用软件部件的概念，即像组装硬件部件生产计算机一样组装软件部件生产软件。本书首次提出可重用软件部件要力求泛型(generality)，以应对软件部件规模庞大和正确性验证等问题。20 世纪 60 年代，函数式编程语言 LISP 采用的高阶函数和参数化多态的编程风格，是泛型程序设计的早期雏形。70 年代至今，多态类型系统得以完整实现，其中包括 Siek 和 Milner 等[2-4]的工作。80～90 年代，Musser 等正式提出了泛型程序设计基本方法和原则[5-8]。使用泛型程序设计技术可以大幅度提高程序的可重用性、可靠性和开发效率，使建设软件构件工厂的理想得以实现。C++标准模板库(standard template library，STL)就是典型的成功实例[9]。泛型程序设计被认为是比面向对象程序设计(object oriented programming，OOP)更具影响力的程序设计范型[10,11]，因此引起国际计算机界的广泛重视。

然而，泛型程序设计在提出之后，并没有包含安全语言泛型机制。例如，Ada 语言[8]和 C++语言[12]均可实现类型和操作参数化，但对于其中的类型参数和操作参数没有实行安全约束机制，这导致在泛型参数实例化过程中无法判断哪些实例类型可以实例化数据类型参数，哪些实例操作可以实例化操作参数。一些本应该在编译阶段发现的语法错误转变成程序运行时才能被系统发现的语义错误，这带来了严重的安全性问题。近年来，泛型约束逐渐成为国际上的研究热点。Java 语言在其 SE1.5 版本之后添加了泛型及其约束机制[13]，对类型参数的约束通过 Extends 和 Implements 子句来实现，子句分别说明了类型参数所属的类和实现的接口列表，值类型以打包/解包方式实例化并能得到约束。C#采用了修改虚拟机以支持类型参数化的方案，加入 C# 2.0 及以后版本中[14-16]，C#对类型参数的约束通过 Where 子句来实现，子句中可以说明类型参数所属的类和实现的接口列表。元语言(meta language，ML)使用了 signature[17,18]，Haskell 带有 type class 机制[19,20]，Musser 将 Concept 概念扩展到 C++语言，提出基于公理语义的泛型约束机制，并称这种语言为 ConceptC++或 C++0X[20]。北京大学计算语言学研究所孙斌提出了命名类型约束机制[11]等，均在其各自设计的语言中支持泛型及其约束，但是这些语言的新的泛型约束机制均仅限于类型参数约束，且存在抽象程度不高、不易于形式化验证等不足，严重限制了泛型程序设计方法的应用范围。

1.2 研究内容

分划递推法由 PAR 方法和 PAR 平台组成，是江西省高性能计算技术重点实验室软件形式化和自动化学术团队提出并研制成功的一个程序设计环境[21,22]。它由泛型规约和算法描述语言 Radl、泛型抽象程序设计语言(abstract programming language，Apla)、形式规约变换规则、系列算法和程序自动转换工具，以及系统的程序设计方法学构成。PAR 方法和 PAR 平台包含循环不变式的新定义和新的开发策略、统一的算法程序设计方法、自动生成 SQL 查询程序等关键技术，并支持算法程序的形式化开发。文献[23]～[25]证明，用 PAR 方法提供的语言、变换规则和系列转换工具开发的算法程序具有原理简单、使用方便、通用性强、可靠性高等特点，可以大幅度提高复杂算法程序的生产效率。

Isabelle 是一种通用的交互式定理证明器[26]，由英国剑桥大学 Lawrence C. Paulson 和德国慕尼黑技术大学 Tobias Nipkow 于 1986 年联合开发，用函数式编程语言 ML 来编写，使用自然演绎规则进行定理证明。它既支持数学公式的形式化描述，又为公式的逻辑演算提供了证明工具。Isabelle 主要应用在数学定理证明和形式化验证领域，尤其是计算机软、硬件的正确性验证以及程序设计语言和协议的验证等方面。

江西省高性能计算技术重点实验室软件形式化和自动化学术团队在 2005 年获准的国家自然科学基金面上项目“基于 PAR 方法和 PAR 平台的泛型程序设计关键技术研究”(60573080)中，对泛型程序的正确性理论和新的泛型机制进行了深入研究，在提出的泛型算法设计语言 Radl 和抽象程序设计语言 Apla 中成功地实现了类型和操作参数的泛型机制，但在这些机制中没有包含安全语言泛型机制，限制了泛型程序设计技术的安全使用。2010 年，薛锦云领衔申请获准的国家自然科学基金重大国际(地区)合作交流项目“若干软件新技术及其在 PAR 平台中的实验研究”(61020106009)将在 PAR 中实现泛型约束机制作为该项目四大研究目标之一。本书将针对这一研究目标深入开展研究：

(1) 在 PAR 中设计抽象约束机制，其最终表现形式为谓词逻辑公式，同时支持语法和语义层约束，拓展现有的支持泛型约束机制的程序设计语言泛型约束的应用范围。

(2) 在设计过程中，给出类型参数和操作参数两类泛型参数构成域的精确描述。

(3) 提出 PAR 平台泛型约束匹配检测及验证模型及其相关算法，支持完善的模块化约束匹配自动检测，借助 Isabelle 定理证明器验证实例类型和实例操作与类型约束和操作约束的语义匹配关系。

(4) 进一步设计泛型约束机制在 PAR 平台的实现方案及其系统原型，可将检验合法的泛型 Apla 程序自动生成可执行的 C++程序，提高 C++程序的泛型安全性。

1.3　本书的组织结构

本书共 7 章，各章的组织结构如下：

第 1 章为绪论部分，对撰写背景和研究内容进行概述。

第 2 章为综述部分，对国内外泛型程序设计和泛型约束的研究状况进行分析总结。

第 3 章概要介绍 PAR 方法和 PAR 平台，并重点阐述本书提出的泛型约束机制的宿主语言，即抽象程序设计语言 Apla 及其原有的泛型机制。

第 4 章提出泛型约束机制在 Apla 中的设计方案，包含数据类型约束和操作约束两类约束定义及其调用和例化方案。

第 5 章设计 PAR 平台泛型约束匹配检测及验证模型及其相关算法，支持完善的模块化约束匹配自动检测，借助 Isabelle 定理证明器验证实例类型和实例操作与类型约束和操作约束的语义匹配关系。

第 6 章设计泛型约束机制在 PAR 平台的实现方案及其系统原型，并将其成功应用于多个泛型实例，通过一个典型的基于闭半环代数结构约束的 Kleene 泛型算法展示该泛型约束机制的设计与实现过程。

第 7 章在对全书进行总结的基础上，讨论本书工作可能的后续扩展。

第 2 章　泛型约束相关研究

2.1　泛型程序设计

迄今为止，泛型程序设计的定义仍未统一[27]。Jarvi 等认为泛型程序设计是设计和实现软件可重用部件库的一种范式，抽取算法相近实现的共性，并以尽可能参数化的方式覆盖这些实现，在力求抽象性的同时保持高效运行，最终得到抽象的泛型算法[28,29]。Hinze 等认为泛型程序设计是函数式编程的一种范式，其中函数将类型作为参数，函数的行为取决于类型的结构[19,30]，这类函数称为泛型函数，编写一次泛型函数，可通过实例化不同的具体类型使用多次。Reis 等认为泛型程序设计是软件设计的一种系统性方法，致力于抽取算法的最通用(或抽象)表示形式，并保持高效的运行方式[31-33]。Russo 等给出了更广义的泛型程序设计的定义[34,35]：泛型程序设计是计算机科学的一个分支，主要是抽取算法、数据结构和其他软件概念的抽象表示，并将它们进行系统的组织。

根据现有的泛型程序设计的定义，本书认为典型的泛型程序设计是一个参数化程序设计(parameterized programming)，其中参数是指数据、数据类型、操作(函数和过程)、构件、服务和子系统等，并以此为基础，编制出具有通用性的程序。泛型程序设计的作用在于能编写清晰、易理解、可重用的程序，能反映程序中算法的实质，是编写抽象算法程序的有力工具。用泛型程序设计方法设计的程序称为泛型程序，泛型程序中的形参称为泛型参数，形参对应的实参称为实例参数。泛型程序设计以高效率和高抽象的特点已在产业界和学术界得到广泛关注和认可。

2.2　泛型程序设计及其约束的新定义

1997 年起，Xue[21,22]一直致力于研究泛型程序设计，经过深入的研究，本书给出了更为确切的泛型程序设计及其约束的定义。

定义 2-1(泛型程序设计)　泛型程序设计是一个参数化程序设计，其中参数是指数据、数据类型、子程序(函数和过程)、构件、服务和子系统等，并以参数化程序设计为基础，编制出具有通用性的程序。

定义 2-2(泛型约束)　泛型约束是在泛型程序设计中对每类泛型参数构成域的精确描述。

例如，若泛型参数为数据，则其泛型约束即对数据域的精确描述，即类型，这是最低级的泛型约束；若泛型参数为数据类型，则其泛型约束即对数据类型的精确描述，依据任何一个标准数据类型都是一个代数系统的结论[36]，本书提出用代数结构来描述标准数据类型约束；若泛型参数为操作，则其泛型约束即对操作的精确描述，本书提出用 Hoare 公理语义来描述操作约束。泛型约束是保证泛型程序设计安全性的重要机制，也是构造可信软件的关键技术[37]。

从以上定义可以看出，完整的泛型约束应包含对数据、数据类型、操作(函数和过程)、构件、服务和子系统等每类泛型参数构成域的精确描述。然而，目前大多数语言只支持数据及数据类型的构成域的描述，并且对于数据类型约束也只涵盖了语法层的约束需求，对语义层约束也未涉及。

2.3　函数式语言泛型约束

将泛型程序设计引入现代函数式语言(如 Haskell 98、ML 等)中是当前研究的一大热点，其基本思想是在类型结构上归纳定义函数。

2.3.1　System F

泛型程序设计的思想源于 20 世纪 60 年代的函数式编程语言 LISP，LISP 提出高阶函数、参数化多态的编程方式；类型系统最终实现是在 20 世纪 70 年代，主要有两类：

(1) Girard 和 Reynolds 提出的 System F；

(2) Hindley-Milner 类型系统。

System F[3,4]是由逻辑学家 Jean-Yves Girard 和计算机科学家 John C. Reynolds 分别独立设计的。System F 提出了一种多态性的 λ 演算，构成了 Haskell、ML 等程序语言参数化多态的理论基础。System F 的定义非常简明，其语法只支持两类特性，即函数和泛型，并且只支持一个参数。

System F 的巴克斯-诺尔范式(Backus-Naur form，BNF)文法如下：

项变量：x, y, z

类型变量：α, β

类型：$\tau \quad ::= \alpha \mid \tau \rightarrow \tau \mid \forall \alpha.\tau$

表达式：$e \quad ::= x \mid \tau x:\tau.e \mid e\ e \mid \Lambda\alpha.e \mid e[\tau]$

System F 的类型规则如下：

$$\frac{x:\tau \in \Gamma}{\Gamma \vdash x:\tau},\quad \frac{\Gamma, x:\tau \vdash e:\tau'}{\Gamma \vdash \lambda x:\tau.e:\tau \rightarrow \tau'},\quad \frac{\Gamma \vdash e_1:\tau \rightarrow \tau',\quad \Gamma \vdash e_2:\tau}{\Gamma \vdash e_1 e_2:\tau'}$$

$$\frac{\Gamma, \alpha \vdash e:\tau,\quad \alpha \notin \Gamma}{\Gamma \vdash \Lambda\alpha.e:\forall \alpha.\tau},\quad \frac{\Gamma \vdash e:\forall \alpha.\tau}{\Gamma \vdash e[\tau']:[\alpha := \tau']\tau}$$

其中，$\Gamma \vdash e:\tau$ 代表 e 被定义为类型 τ，且 τ 在范围 Γ 内。在 $\Gamma \vdash \lambda x:\tau.e:\tau \to \tau'$ 中 $\lambda x:\tau.e:\tau \to \tau'$ 是 λ 抽象，其形参变量是 x，类型为 τ，体部分是 e，类型为 τ'。$\Gamma \vdash e_1:\tau \to \tau'$ 代表 e_1 的输入参数类型为 τ，输出参数类型为 τ'。在 $\Gamma \vdash e:\forall\alpha.\tau$ 中，α 是泛型需求，$\forall\alpha.\tau$ 代表任何符合泛型需求 α 的类型 τ。

2.3.2 Haskell 98

Haskell 98 由低到高定义了三类层次结构[38]，即值(value)、类型(type)和类属(kind)，将结构强加于较低层次后可获得较高层次。定义参数化类型需要类属这一层次结构。

例 2-1 用 Haskell 98 描述比较数据相等性的泛型模式举例。

记相等函数为 Eq_T，其中下标 T 指定了函数 Eq_T 能够操作(运算)的数据类型，$[T]$为以 T 类型为基类型的序列类型。

$\mathrm{Eq}_{[A]}$ :: $(A\to A\to \mathrm{Bool})\to[A]\to[A]\to \mathrm{Bool}$

$\mathrm{Eq}_{[A]}\ \mathrm{Eq}_A[\,][\,]$ ==True

$\mathrm{Eq}_{[A]}\ \mathrm{Eq}_A[\,](y{:}y_s)$ ==False

$\mathrm{Eq}_{[A]}\ \mathrm{Eq}_A\ (x{:}x_s)\ [\,]$ ==False

$\mathrm{Eq}_{[A]}\ \mathrm{Eq}_A\ (x{:}x_s)(y{:}y_s)$ == $(\mathrm{Eq}_A\ x\ y)$ && $\mathrm{Eq}_{[A]}\ \mathrm{Eq}_A\ x_s\ y_s$

此处的 A 为类属，所有可比较的具体类型(如 int、char 等)均可作为 A 的模型。

例 2-2 用 Haskell 98 描述两个数取较大值的泛型函数 searchlarger 举例。

```
/*类属 t 的约束 Comparable，要求类属 t 必须可比较，即支持 larger
  函数*/
class Comparable t where
   larger :: (t, t) → bool
/*泛型函数 searchlarger，其输入参数为(t, t)，输出参数为 t，并且
  要求类属 t 必须可比较*/
searchlarger :: Comparable t ⇒ (t, t) → t
searchlarger (x, y) = if (larger(x, y)) then x else y
//自定义数据类型 Number，通过基类型 int 构造
data Number = Number int
/*Number 类型实例化类属 t,定义以 Number 类型值作为输入参数的 larger
  函数*/
instance Comparable Number where
   larger (Number x, Number y) = x > y
```

```
//int 类型实例化类属 t，定义以 int 类型值作为输入参数的 larger 函数
instance Comparable int where
   larger (a, b) = a > b
/*分别以 Number 类型和 int 类型的值作为输入参数调用泛型函数
  searchlarger*/
a1 = Number 3; a2 = Number 5
a3 = searchlarger (a1, a2) ; b3 = searchlarger(3,5)
```

此处的 *t* 即类属，所有可比较的具体类型(如 int、Number 等)均可作为 *t* 的模型；Comparable 是对类属 *t* 的约束；instance Comparable Number 是将 Number 类型作为类属 *t* 的实例化类型。

Haskell 支持高阶函数和参数化多态机制，有着较高的抽象水平，但其局限性在于类型作为参数只能用于类型表达式，不能作为函数的参数和返回结果[39]。

2.3.3 ML

ML[17]的最初设计是为了充当可计算函数逻辑(logic for computable function, LCF)检验系统的元语言，现已成为一个较完善的程序设计语言，也有自己的标准，即标准 ML(standard meta language)。ML 是一种强类型的函数式编程语言，其对类型的处理特别是类型的多态性，是它区别于其他函数式语言的关键。SML 可以使用函子和多态函数来实现泛型。

例 2-3 用 SML 的函子描述两个数取较大值的函子 MakeSearch 举例。

```
/*泛型 C 的约束 Comparable，要求泛型 C 必须可比较，即支持 larger
  函数*/
signature Comparable = sig
   type value_t
   val larger : value_t * value_t→ bool
end
/*定义函子 MakeSearch,其参数为泛型 C,且必须满足约束 Comparable;
  通过泛型 C 的类型和函数定义可定义函子中的类型与函数*/
functor MakeSearch(C : Comparable) = struct
  type value_t = C.value_t
  fun searchlarger (x, y) = if C.larger(x, y) then x else y
end
/*自定义结构 Number，其基类型为 int，实现了 Number 结构的 larger
  函数*/
```

```
structure Number = struct
    datatype value_t = Number of int
    fun create n = Number n
    fun larger ((Number x), (Number y)) = x > y
end
//通过函子MakeSearch和自定义结构Number实例化结构SearchNumbers
structure SearchNumbers = MakeSearch(Number)
val a1 = Number.create 3 and a2 = Number.create 5
val a3 = SearchNumbers.searchlarger (a1, a2)
```

例 2-4 用 SML 的多态函数描述两个数取较大值的泛型函数 searchlarger 举例。

```
//定义约束 Comparable
datatype 'a Comparable = Cmp of ('a → 'a → bool);
//定义类型 Number 和 Digit 和各自类型的比较函数
datatype Number = Number of int;
fun larger_number (Number x) (Number y) = x > y;
datatype Digit = Digit of int;
fun larger_digit (Digit x) (Digit y) = x > y;
//泛型函数 searchlarger
fun searchlarger((Cmp larger):'a Comparable)(x:'a) (y:'a)=
if (larger x y) then x else y;
//实例化泛型函数
searchlarger(Cmp larger_number) (Number 4) (Number 3);
searchlarger(Cmp larger_digit) (Digit 3) (Digit 4);
```

2.4 面向对象语言泛型约束

将泛型程序设计加入面向对象语言中称为面向对象泛型程序设计，主要包括 C++语言的 STL、C#语言的 Generic 和 Java 语言的 Generic 等。在 System F 的基础上，Siek 设计了 F-受限的参数化多态机制[2]，Java 和 C#语言选择将 F-受限的参数化多态机制作为其泛型程序设计的理论基础，C++语言选择了实例化替代法进行泛型程序设计。

2.4.1 C++模板约束

STL 是由 Alexander Stepanov、Meng Lee 和 David R Musser 在惠普实验室工

作时基于 Stroustrup 设计的 C++的模板机制开发的。它是一种通用的容器和算法库，是迄今最为成功和卓越的泛型程序设计范例。现在 STL 已经成为 C++标准语言库的一个主要组成部分，并得到广泛应用。在 STL 中，所有的标准库容器都定义了相应的迭代器类型[40]，迭代器在各种容器所允许的操作(即接口)均相同，这就是典型的泛型程序设计概念，即所有操作行为都使用相同的接口，而操作的类型不同。STL 强调数据与算法分离，开发算法可以不用考虑具体的数据类型。在 STL 中能实现泛型程序设计得益于迭代器(iterator)的出现。算法与数据之间被迭代器隔断，由于各种数据类型的迭代器接口均相同，算法只需针对迭代器开发即可。迭代器成功地削弱了算法和数据之间的耦合性。STL 通过 C++的模板机制实现了泛型程序设计的概念。

C++模板机制设计的理论依据与 C 语言的预处理宏指令处理方式类似[40]，采用实例化替代法，模板通过宏的方式进行实例化替代，且实例化之后才能进行类型检测。C++模板机制的设计者 Stroustrup 认为 F-受限的参数化多态机制并不适合实现 C++的泛型程序设计概念[41]，因此放弃了在 C++模板中使用受限参数化多态机制。Stepanov 曾建议使用类似于 Ada 泛型包的方式显式实例化，但 Stroustrup 认为显式实例化将会给泛型库客户端带来沉重的负担。C++模板不能进行模块化类型检测[27]，而是在实例化之后进行类型检测，这与宏的检测方法相似。这种设计方法的优势是泛型程序设计思想表达清楚，且操作灵活。

例 2-5　用 C++模板描述两个数取较大值的模板函数 searchlarger 举例。

```
//自定义类型 Number 和 Digit
struct Number {
  Number(int r) : rating(r) {}
  int rating;
};
struct Digit {
   Digit(const string& s) : name(s) {}
   string name;
};
//larger 函数重载
bool larger(const Number& x, const Number& y) {
   return x.rating > y.rating;
}
bool larger(int x, int y) { return x > y; }
bool larger(const Digit& x, const Digit& y) {
```

```
    return lexicographical_compare(y.name.begin(),
    y.name.end(), x.name.begin(), x.name.end());
}
//模板函数 searchlarger，此处 Comparable 为泛型，无约束
template <typename Comparable>
const Comparable& searchlarger(const Comparable& x,
const Comparable& y) {
    if (larger(x, y)) return x; else return y;
}
//用类型 int、Number、Digit 隐式实例化模板函数 searchlarger
int main(int, char*[]) {
   int i = 0, j = 2;
   Number a1(3), a2(5);
   Digit o1("Navel"), o2("Valencia");
   int k= searchlarger(i, j);
   Number a3 = searchlarger(a1, a2);
   Digit o3 = searchlarger(o1, o2);
   return 0;
}
```

C++模板(C++ 98 标准)缺乏用于描述泛型约束的形式语法，不能进行模块化的类型检测，所有的类型检测必须在泛型实例化之后进行。它使用文档形式，基于结构化约束签名匹配的方式表达模板参数的约束。这类方式具有较大的灵活性，且 C++模板确实提供了泛型的类型检测机制，其检测方式与 C++的非泛型类型检测一样，但 C++模板对泛型约束的表达是隐晦的、不容易理解的，并且不支持模块化的类型检测，由此引发编译信息晦涩、难以对错误进行定位等一系列问题，具体表现在：

(1) 在 C++模板的使用过程中，一些细小的错误会产生异常复杂、不清楚的错误提示信息。

(2) C++模板要求开发者使用自然语言和数学公式描述规约文档，人为地判断类型参数的合法性，这要求模板库的开发者具备很高的素质和长期的经验。

(3) C++模板定义与实例化之间未脱离关联，模板的高效运行是建立在其定义与实例化之间高耦合代价之上的。

例 2-6 是抽取自 STL 中的简化后的 fill 算法，符合 C++ 98 标准。算法要求类型参数 Iter 必须是前向迭代子(forward iterator)。

例 2-6　STL 中的简化后的 fill 算法：

```
template <typename Iter, typename T>
void fill( Iter first, Iter last, const T& value) {
   for ( ; first!=last; ++first) {
        *first=value;
   }
   //first--;
}
```

如例 2-6 所示，模板函数 fill 没有描述前向迭代子约束的形式语法，只能使用规约文档通过自然语言和数学公式描述前向迭代子约束，不能对模板函数 fill 进行模块化的前向迭代子约束类型匹配检测，所有的类型检测必须在泛型实例化之后进行。它表达的部分抽象约束只能通过文档给出。例 2-6 程序中类型参数 Iter 必须满足具有解引用、等价比较、前自增等操作[11]，这些约束通过变量 first 和 last 的使用来表达。这种通过表达式的使用隐含在语句中的约束称为有效表达式约束。编译器不检测类型参数 Iter 是否为一个前向迭代子，只有在函数被实例化时，才通过检测表达式使用来验证这一约束。例如，如果在例 2-6 第 6 行添加语句“first--”，那么该操作并不满足前向迭代子的约束(前向迭代子不具有“自减”操作)，但是编译器不会在 fill 函数的定义处报错。

例 2-5 是一个 C++模板的例子，其中模板函数 searchlarger 如下所示：

```
//模板函数 searchlarger
template <typename Comparable>
const Comparable& searchlarger(const Comparable& x,
const Comparable& y) {
   if (larger(x, y)) return x; else return y;
}
```

此处 Comparable 为模板类型，模板函数 searchlarger 的形式参数 x 和 y 的类型和 searchlarger 的返回值类型均为 Comparable&，searchlarger 函数没有描述 Comparable 约束的形式语法，只能使用规约文档通过自然语言和数学公式描述 Comparable 约束，不能对模板函数 searchlarger 进行模块化的 Comparable 约束类型匹配检测，所有的类型检测必须在泛型实例化之后进行。它表达的约束只能通过文档给出，由程序开发人员依据文档人为地判断类型参数的合法性。

C++模板都是用文档的形式给出约束，然后由程序开发人员依据文档人为地判断类型参数的合法性的。例如，Comparable 文档约束，其要求所有模板类型

Comparable 的实例化类型必须实现 larger(*x*, *y*)函数，且函数的返回类型为布尔型。在例 2-5 中，用类型 int、Number、Digit 隐式实例化了模板函数 searchlarger，这就要求类型 int、Number、Digit 均要实现返回类型为 bool 的 larger(*x*, *y*)函数，否则将在实例化中报类型匹配错误。

2.4.2 Concepts 概念约束

ConceptC++是基于 Concepts 的 C++模板扩展语言[42]，旨在解决 C++模板存在的一系列问题[43]：

(1) C++模板只能通过文档描述泛型约束，模板本身无法提供描述泛型约束的形式语法，泛型约束的表达隐晦、不容易理解。

(2) C++模板的定义与使用没有分离，不便于进行模块化的类型匹配检测，所有的类型检测必须在泛型实例化之后进行。

(3) 在编译 C++模板库的使用过程中，编译信息晦涩，难以对错误进行定位。

ConceptC++在 C++模板的基础上显式添加了描述泛型约束的形式语法，曾被认为是 C++自 1998 年以来最重要的扩展[44]。

ConceptC++借助了更加简单和抽象的“原操作”语句[45]，显式添加了描述泛型约束的形式语法，使得泛型的需求更加明确，其形式描述如下[46]：

```
concept ConceptName<P> where G { B }
```

P 代表一组 concept 参数，其语法声明与模板参数完全一致。

G 为可选的，称为“哨兵”。它是一组逻辑操作语句，可作为 concept 参数 P 的额外约定。

B 是 concept 的主体。它由一系列简单的声明和表达式语句组成，以确切说明 concept 必须满足的语法和类型约束。

例 2-7 用 ConceptC++定义 Small 约束。

```
concept Small<typename T, int N>
  where sizeof (T) <= N
  {};
```

concept Small 是一个较简单的 concept，刻画了参数 *T* 的规模小于 *N* 的一泛型概念。其主体为空，主要描述均在 where 子句中。

例 2-8 用 ConceptC++定义前向迭代子约束。

```
concept Forward_iterator<typename Iter> {
   Var<Iter> p; //定义一个 Iter 类型的变量
```

```
    typename Iter::value_type //必须有一个关联类型 value_type
    Iter q = p; // Iter 必须是可复制的
    bool b = (p != q); // 必须支持"=="和"!="
    b = (p == q); // "="操作产生的表达式可以转换为"bool"
    ++p; // 必须支持前增操作
    p++; // 支持后增操作，且对结果类型没有约束
}
```

concept Forward_iterator 显式描述了前向迭代子的泛型约束需求，对泛型概念 Forward_iterator 的表达是清晰、易理解的，并且支持模块化类型检测，易于对错误进行定位。

例 2-9　用 ConceptC++描述两个数取较大值的模板函数 searchlarger 举例。

```
//自定义类型 Number 和 Digit
struct Number {
    Number(int r) : rating(r) {}
    int rating;
};
struct Digit {
    Digit(const string& s) : name(s) {}
    string name;
};
//larger 函数重载
bool larger(const Number& x, const Number& y) { return
x.rating > y.rating; }
bool larger(int x, int y) { return x > y; }
bool larger(const Digit& x, const Digit& y) {
    return lexicographical_compare(y.name.begin(),
    y.name.end(), x.name.begin(), x.name.end());
}
//用 ConceptC++显式定义约束 Comparable
concept Comparable <typename T>    {
    bool larger(T x,  T y);
};
//模板函数 searchlarger，此处模板类型 T 显式被约束为 Comparable
template <typename T>  where Comparable<T>
```

```
const T& searchlarger(const T& x, const T& y) {
   if (larger(x, y)) return x; else return y;
}
//用类型 int、Number、Digit 隐式实例化模板函数 searchlarger
int main(int, char*[]) {
   int i = 0, j = 2;
   Number a1(3), a2(5);
   Digit o1("Navel"), o2("Valencia");
   int k = searchlarger(i, j);
   Number a3 = searchlarger(a1, a2);
   Digit o3 = searchlarger(o1, o2);
   return 0;
}
```

从例 2-9 可以看出，用 ConceptC++完成两个数取较大值的模板函数 searchlarger 与例 2-5 中用标准 C++模板实现模板函数 searchlarger 的语法基本相同，唯一的区别就是由于 ConceptC++支持显式自定义约束，模板函数 searchlarger 中模板类型 *T* 可显式被约束为 Comparable。ConceptC++的其他语法成分与 C++模板完全一样，如例 2-9 中自定义类型 Number 和 Digit，larger 函数重载以及隐式实例化模板函数 searchlarger 的方式均与在例 2-5 中的使用完全一样。

遗憾的是，由于 ConceptC++使用起来过于复杂，C++标准委员会怀疑 ConceptC++的可行性和实用性，并于 2009 年 7 月投票否决将 ConceptC++这种新的语言设施纳入 C++0x 标准。

2.4.3　Java 泛型约束

Java Generic 是 Java SE 1.5[47]的新特性，其主要语言设施也是参数化类型，也就是说所操作的数据类型被指定为一个参数，这种参数类型可以用在类、接口和方法的创建中，分别称为泛型类、泛型接口、泛型方法。Java Generic 的理论依据也是 F-受限的参数化多态机制，支持独立的模块化类型检测[48]。

Java 的泛型约束是用 Java 泛型界限来实现的，其理论依据是 F-受限的参数化多态机制[49]，支持独立的模块化类型检测。在 Java 泛型中，一个类型参数继承自某个类，或者实现某个接口，而被继承的类或被实现的接口称为一个界限。在类型参数后用 extends 关键字，后面紧跟被扩展的类或被实现的接口，即使它的界限是一个接口也不用 implements，并且一个类型参数可以由多个界限约束。例如：

```
public static <T extends Object & Comparable<T>> void
```

```
sort(T[] array)
```

其中，类型参数 *T* 后用 extends 关键字紧跟其界限 Object 和 Comparable<*T*>。

由于使用了子类型约束的多态机制，Java 泛型界限在实现泛型程序设计概念时存在一些问题[50]：

(1) Java 使用继承来表达实例化匹配关系，当类型定义好之后这种继承关系也已经固定，因此已经存在的类型不便于实例化新的 Java 界限。

(2) Java 的类和接口只能封装成员方法和成员变量，不能封装类型，因此关联类型不可用 Java 界限来约束。

(3) Java 界限不支持原始数据类型实例化(如 int、char、float、boolean、double 等)。

例 2-10 用 Java Generic 描述两个数取较大值的泛型方法举例。

```
/*Java 用接口 Comparable 来约束泛型 T，即所有实例化泛型 T 的类型必
  须实现*/
public interface Comparable<T> {
  boolean larger(T x);
}
/*自定义类 searchlarger，定义泛型方法 go，其泛型参数 T 满足约束
  Comparable，此方法支持独立的模块化类型检测*/
public class searchlarger {
   public static <T extends Comparable<T>>
     T go(T x, T y) {
     if (x.larger(y)) return x; else return y;
     }
}
//自定义类 Number，实现泛型接口 Comparable
  public class Number implements Comparable<Number> {
     public Number(int r) { rating = r; }
     public boolean larger(Number y)
        { return rating > y.rating; }
     private int rating;
  }
//用类型 Number 隐式实例化泛型方法 searchlarger.go
  public class main {
     public static void main(String[] args) {
        Number a1 = new Number(3), a2 = new Number(5);
```

```
            Number a3 = searchlarger.go(a1, a2);
        }
    }
```

在例 2-10 中，Comparable 为 Java 界限。若在定义 Comparable 界限之前已存在一自定义类 Digit，则其定义如下所示：

```
//已存在一自定义类 Digit，在定义 Comparable 界限之前
  public class Digit {
     public Digit(double r) { rating = r; }
     public boolean larger(Digit y)
       { return rating > y.rating; }
     private double rating;
  }
```

其中，Digit 类实现了 larger 函数，符合 Comparable 界限约束，但由于没有显式声明其实现了 Comparable 接口，Digit 类并不能实例化 Comparable 界限。

另外，在例 2-10 的实例化部分，用类 Number 隐式实例化泛型方法 searchlarger.go，这里不能使用原始数据类型来进行实例化，如实例化部分改成如下代码，将产生错误：

```
public class main {
  public static void main(String[] args) {
     int a1=3; int a2=5;
     //错误，不支持原始数据类型
     Number a3 = searchlarger.go(a1, a2);
  }
}
```

由于派生类型过于紧耦合，Java 泛型约束难以支持通用的算法，具体表现在以下几个方面：

(1) 实际存在大量的概念不能表示成为对象类(结构)，却可表示成为某个类型的集合[11]。

(2) 不允许对类型参数的对象使用算术运算符的函数，如“+”和“−”等。

(3) 已存在的类型不能从抽象基类派生(包括语言中的所有原始类型和导出类型)。

(4) 根据“约束=类型的集合”[11]的观点来考察，Java 和 C#的一个基类或接口 *I* 确实定义了一个类型集合，即所有(已经或可能)从 *I* 继承的对象类。因此，*I*

是一种窄义的泛型程序设计约束，如定义 2-3 所示。

定义 2-3　设 As 是所有的结构化(class)类型，一个泛型约束 C 是 As 中所有满足某个需求集合(a set of requirements) R_I 的元素的集合，即

$$C(R_I \mid \text{As}) = \{a \in \text{As} \mid r \in R_I, r(a) = \text{true}\}$$

其中，R_I 约定必须为从 I 或 I 的子类派生的一类需求。

2.4.4　C#泛型约束

C# Generic 是 C#2.0 版中的一个新功能[14]，其主要语言设施是参数化类型，类或方法可以将一个或多个类型的指定推迟到客户端代码声明并实例化该类或方法。C# Generic 的理论依据是 F-受限的参数化多态机制，支持独立的模块化类型检测[27]。

C#包括三类泛型约束，分别是 Constructor Constraint、Reference/Value Type Constraint 和 Derivation Constraint[16]，其中最主要的是 Derivation Constraint，其采用了 F-受限的参数化多态机制来进行类型参数约束，通过类之间的子类型关系或继承关系强制所需要的类型必须由某个基类(或接口)派生。

例 2-11　用 C# Generic 描述两个数取较大值的泛型方法举例。

```
/*C#用接口 Comparable 来约束泛型 T，即所有实例化泛型 T 的类型必须
 实现 larger 函数*/
public interface Comparable<T> {
   bool larger(T x);
}
/*自定义类 Searchlarger，定义泛型方法 go，其泛型参数 T 满足约束
  Comparable，此方法支持独立的模块化类型检测*/
public static class Searchlarger {
   public static T go<T>(T x, T y)where T : Comparable<T>{
      if (x.larger(y)) return x; else return y;
   }
}
//自定义类 Number，实现泛型接口 Comparable
public class Number : Comparable<Number> {
   public Number(int r) {rating = r;}
   public bool larger(Number y)
      { return rating > y.rating; }
```

```
    private int rating;
}
//用类型 Number 隐式实例化泛型方法 searchlarger.go
public static class main {
    public static int main(string[] args) {
        Number a1 = new Number(3), a2 = new Number(5);
        Number a3 = searchlarger.go(a1,a2);
        return 0;
    }
}
```

与 Java 界限一样，C#约束的理论依据也是 F-受限的参数化多态机制，支持独立的模块化类型检测。因此，C#约束实现泛型程序设计概念的方式与 Java 界限非常类似。通过对比例 2-11 与例 2-10，也可发现它们的代码非常相似。相对于 Java 界限，C#约束避免了 Java 界限在使用中的一些不足，最为重要的一点就是 C#的原始数据类型可以直接实例化泛型约束[27]，例如，C#中 int 类型可以实例化 IComparable 接口。

例 2-12 泛型链表的查找算法。

```
//定义泛型接口 IComparable，作为本例的约束
public interface IComparable<T> {
    int CompareTo(T other);
    bool Equals(T other);
}
//泛型方法 find，其中泛型参数 K 被约束为 IComparable
public class LinkedList<K,T> where K: IComparable<K>{
    T find(K key){
        Node<K,T> current=m_Head;
        while(current.NextNode!=null){
            if (current.key.CompareTo(key)==0)  break;
            else   current=current.NextNode;
        }
    }
}
```

其中，IComparable 接口即此例的约束，泛型参数 *K* 必须实现 IComparable 接

口，也就是说任何未实现 IComparable 接口的具体类型均不能实例化泛型参数 K。

2.4.5 小结

面向对象的泛型程序设计将泛型程序设计引入面向对象语言中，是当前泛型程序设计的主流，主要研究代表有 C++语言的 STL、C#语言的 Generic 和 Java 语言的 Generic 等。面向对象泛型程序设计的主要语言设施是参数化类型，Java 和 C#语言选择将 F-受限的参数化多态机制作为其泛型程序设计的理论基础，采用子类型的继承关系来描述泛型约束，奠定了 Java 和 C#泛型机制的理论基础。C++语言选择了实例化替代法进行泛型程序设计，这种设计方法的优点是泛型程序设计思想表达清楚，操作灵活，缺点是不能进行模块化的类型检测，所有的类型检测必须在泛型实例化替代之后进行。

2.5 泛型程序设计与面向对象程序设计的比较

面向对象程序设计是一种把面向对象的思想应用于软件开发过程中，指导开发活动的系统方法，是建立在“对象”概念基础上的方法学[51]。对象是由数据和容许的操作组成的封装体，与客观实体有直接对应关系，一个对象类定义了具有相似性质的一组对象[52]。而继承性是对具有层次关系的类的属性和操作进行共享的一种方式。面向对象程序设计就是基于对象概念，以对象为中心，以类和继承为构造机制，来认识、理解、刻画客观世界以及设计、构建相应的软件系统[53]。

实现面向对象技术的关键是继承机制，它基于真实世界中对象共享属性和行为、对象之间存在着一种从一般到特殊的关系这一事实，在描述对象类之间关系中起着非常重要的作用。然而，由于面向对象程序设计中对象被限定为 class 类结构，以继承关系为基础的对象技术在实践中存在一些固有的问题和困难。首先，通过继承或子类型化关系将类型紧密耦合起来，形成类型之间的层次关系，并不能完整地刻画类型之间的关系，很多基于一系列需求的类型关系并不适合用继承关系来描述。其次，继承关系不能适用于所有无法或难以有效地被特征结构化的 class 类。例如，几乎所有的程序设计语言都定义了原始数据类型(如整型、字符型、浮点数型和枚举类型等)以及导出类型(如多维数组类型、联合类型等)。由于这些数据类型都不是标准的结构化类型，不能表示为对象类，面向对象程序设计的抽象不能用于这些情形，也就是说大量常用的类型无法被面向对象程序设计进行有效的抽象。因此，直接用 class 类作为问题域的基本抽象和设计单位，将类型映射为对象类的方法在本质上是非常受限和不足的。

泛型程序设计相比面向对象程序设计有着更高的抽象级别，可以解决上述面向对象程序设计存在的不足，可以认为是面向对象程序设计方法的自然演化。如表 2-1 所示，面向对象程序设计方法通过继承或子类型化关系将类型紧密耦合起来，形成类型之间的层次关系，然而泛型程序设计强调基于数据的一系列需求对约束进行分类和语义描述。

表 2-1　泛型程序设计和面向对象程序设计关键点比较

比较项	泛型程序设计	面向对象程序设计
基本元素	约束	class 类结构
目标	需求	object 对象
抽象	类型的抽象属性,基于一系列需求的约束	特定类型，class 类
层次级别	约束之间的关系是精化关系	类型之间的关系是继承关系
设计重点	基于数据的一系列需求对约束进行分类和语义描述	定义 class 类及其继承关系

第 3 章　Apla 中的泛型机制

本书设计的抽象约束机制以 Apla 为宿主语言。Apla[54,55]是为实现算法程序形式化开发的 PAR 方法而定义的，主要宗旨是充分体现功能抽象、数据抽象等现代程序设计思想，使之简单实用，便于程序开发，使得构成的程序易于阅读理解和验证，且易于转换成 C++、Java、VB.net 等可执行程序设计语言程序。Apla 的一个重要特色是它的数据类型系统。它提供了标准数据类型、自定义简单类型、预定义抽象数据类型(abstract data type，ADT)和自定义 ADT 机制。用户可以像使用标准数据类型一样使用预定义的常见组合数据结构的 ADT。Apla 中的符号(含 ADT 中的运算符或操作符)表达方式尽量考虑了通用性和习惯性，使传统的数学符号和数学表达式进入了算法设计和程序设计语言。这些特色可以大幅度简化算法和设计过程，缩短算法和程序的长度，提高算法和程序的开发效率及可靠性。

在 Apla 中，所有组合数据类型及其相关的操作的设计，在没有添加泛型约束机制之前，均采用了参数化设计的泛型程序设计思想[55]，其中参数包括数据类型和操作(函数和过程)，并以此为基础，编制出具有通用性的程序。Apla 中的泛型机制主要包括类型参数化和操作参数化两类。

3.1　类型参数化

在 Apla 中，引入了关键字 sometype，可以用它来定义类型变量，也就是说，可以对这个变量赋予类型名作为变量的值，也可直接在类型声明中以参数的形式说明组合数据类型的基类型。

例 3-1　类型参数化实例：

```
set1=set(integer);
set2=set(char,10);
```

其中，set1 是一个整数的动态集合；set2 是一个字符型数据的静态集合。组合数据类型 set 的基类型由括号里的参数说明，这个参数可以是简单类型，如 integer、char、boolean，也可以是一个组合数据类型，如 set(integer)、list(char)等，还可以是自定义抽象数据类型。

3.2　操作参数化

操作参数化包括过程参数化和函数参数化，Apla 提供了 someproc 和 somefunc 关键字来声明过程参数和函数参数，在声明这些参数时，只需定义该操作包含几个变量以及每个变量的类型，可以采用赋值语句的方式将操作的具体实现赋给它。例 3-2 给出了过程参数化的示例。

例 3-2　过程参数化实例：

```
procedure generic (someproc temp(a,b:integer);t1,t2:integer);
begin
  temp(t1,t2);
end;
```

这里声明了一个过程 generic，它包含了一个过程参数 temp，可以采用下面的方式对其实例化：

```
procedure add(i,j:integer);
begin
  writeln(i+j);
end;
procedure generic_a:new generic(add);
```

这样就得到了一个新的过程 generic_a，在调用 generic_a(1,2)时，generic_a 过程里的 temp 过程就是 add 过程，generic_a(1,2)执行后，会在屏幕上显示 1+2 的值为 3。

3.3　泛型 Apla 程序结构

泛型 Apla 程序一般具有单类型参数化和多类型参数化两种基本结构。

3.3.1　单类型参数化

定义 3-1　Apla 单类型参数化泛型程序结构：

```
program <程序名> (sometype datatype);
    [<常量说明>;]
    [<类型说明>;]
```

```
    [<变量说明>;]
    [<过程与函数说明>;]
begin
    <语句序列>;
end;
begin
program <程序实例化名 1> : new <程序名>(实际类型);
                    …
program <程序实例化名 n> : new <程序名>(实际类型);
end.
```

3.3.2 多类型参数化

定义 3-2 Apla 多类型参数化泛型程序结构:

```
program <程序名> (sometype vtype, etype,…);
    [<常量说明>;]
    [<类型说明>;]
    [<变量说明>;]
    [<抽象数据类型说明>;]
    [<过程与函数说明>;]
begin
    <语句序列>;
end;
begin
program <程序实例化名 1> : new <程序名>(实际类型 1, 实际类型 2,
实际类型 3,…);
                    …
program <程序实例化名 n> : new <程序名>(实际类型 1, 实际类型 2,
实际类型 3,…);
end.
```

3.4 Apla 泛型过程结构

定义 3-3 Apla 泛型过程结构:

```
program<程序名>
```

```
        [<常量说明>;]
        [<类型说明>;]
        [<变量说明>;]
        [<抽象数据类型说明>;]
        [<自定义泛型过程>;]
        [<泛型过程实例化>;]
begin
   <语句序列>;
end;
```

定义 3-4 自定义泛型过程：

```
procedure <过程名>(形参表);
<形参表>=[sometype <类型参数表>] | [someproc <过程参数名>
<过程形参表>]* | [somefunc <函数参数名> <函数形参表>]* |
[<值变量声明表>]
begin
  …
end;
```

定义 3-5 泛型过程实例化：

```
procedure <过程实例化名 1> : new <过程名> ([实际类型 1,实际类型 2,
…,][实际过程名 1,实际过程名 2,…,][实际函数名 1,实际函数名 2,…])
                                    …
procedure  <过程实例化名 n> : new <过程名> ([实际类型 1,实际类
型 2,…,][实际过程名 1,实际过程名 2,…,][实际函数名 1,实际函数名
2,…])
```

3.5 Apla 泛型函数结构

定义 3-6 Apla 泛型函数结构：

```
program<程序名>
        [<常量说明>;]
        [<类型说明>;]
        [<变量说明>;]
```

```
        [<抽象数据类型说明>;]
        [<自定义泛型函数>;]
        [<泛型函数实例化>;]
begin
  <语句序列>;
end;
```

定义 3-7　自定义泛型函数:

```
function <函数名>(形参表):类型;
<形参表>=[sometype <类型参数表>] | [someproc <过程参数名>
<过程形参表>] *| [somefunc <函数参数名> <函数形参表>]* |
[<值变量声明表>]…
begin
  …
end;
```

定义 3-8　泛型函数实例化:

```
function <函数实例化名 1> : new <函数名> ([实际类型 1,实际类型
2,…,][实际过程名 1,实际过程名 2,…,][实际函数名 1,实际函数名
2,…])
                           …
function <函数实例化名 n> : new <函数名> ([实际类型 1,实际类型
2,…,][实际过程名 1,实际过程名 2,…,][实际函数名 1,实际函数名
2,…])
```

3.6　泛型算法示例

本节选取一个典型的泛型算法 n 皇后问题,采用上述 Apla 泛型机制对其进行描述，代码如下:

```
//Apla 泛型过程结构
program nqueenprog;
const
  maxnum=99999;
  queennum=8;
```

```
var
   x:array[0..queennum-1,integer];
   i,j:integer;
   index : integer;
//自定义泛型过程
procedure backtrack(somefunc nextone(k:integer):boolean;
someproc printone();n:integer);
var
   k:integer;
   b:boolean;
begin
   index := 0;
   k:=0;
   do (k≥0)→b:=nextone(k);
      if (b)→if (k<n-1)→k:=k+1;
         [] (k=n-1)→index := index +1;
         printone();
         fi;
[](┐b)→k:=k-1;
   fi;
   od;
end;
//具体函数 next1
function next1(k:integer):boolean;
var
   i,j:integer;
   flagj,flagi:boolean;
begin
   i:=x[k]+1;
   flagi:=false;
   do (i≤queennum-1)∧(┐flagi)→j:=0;
   flagj:=true;
   do (j≤k-1)∧(flagj)→if(x[j]=i)∨(x[j]-j=i-k)∨(x[j]+
j=i+k)→flagj:= false;
   [](┐((x[j]=i)∨(x[j]-j =i-k)∨(x[j]+j=i+k)))→j:=j+1;
```

```
        fi;
        od;
        if (flagj)→x[k]:=i;
            flagi:=true;
            [] (┐flagj)→i:=i+1;
        fi;
        od;
        if (┐flagi)→x[k]:=-1; fi;
        next1:=flagi;
    end;
    //具体过程 print1
    procedure print1();
    var
        ii:integer;
    begin
        write("第",index,"个结果为: ");
        ii:=0;
        do (ii<queennum)→write(x[ii]);
            write(",");
            ii:=ii+1;
        od;
        writeln;
    end;
    //泛型过程实例化
    procedure nqueen: new backtrack(next1,print1);
    //Apla 主程序
    begin
        writeln("请输入数据: ");
        i:=0;
        do (i<queennum)→x[i]:=-1;
            i:=i+1;
        od;
        //调用实例化后过程
        nqueen(queennum);
    end.
```

本例自定义了泛型过程 backtrack，使用 someproc 关键字来声明过程参数 printone，使用 somefunc 关键字来声明函数参数 nextone，用具体过程 print1 来实例化过程参数 printone，用具体函数 next1 来实例化函数参数 nextone。不足之处在于本例缺少泛型约束机制，未对哪些具体过程和具体函数可以实例化过程参数和函数参数给予精确描述。第 4 章将重点讨论泛型约束机制的设计问题。

第 4 章　泛型约束机制在 Apla 中的设计

泛型约束机制可对泛型参数的合法性进行检测，从而使得软件的可靠性和安全性得到显著提高。文献[55]在提出的泛型算法设计语言 Radl 和抽象程序设计语言 Apla 中成功地实现了类型和操作参数的泛型机制，但在这些机制中没有包含安全语言泛型机制，限制了泛型程序设计技术的安全使用。此外，现有 C++、Java 主流程序设计语言泛型约束机制仅限于类型参数约束，且存在抽象程度不高、不易于形式化验证等不足[13,14]，严重限制了泛型程序设计方法的应用。本章给出泛型约束机制在 Apla 中的设计方案，旨在拓展泛型程序设计的应用范围，提出数据类型约束采用代数结构描述，操作约束采用 Hoare 公理语义刻画的方法、理论和实现技术，同时支持语法和语义层约束，也易于形式验证约束匹配的正确性。

完整的泛型约束应包含对数据、数据类型、操作(函数和过程)、构件、服务和子系统等每类泛型参数构成域的精确描述。本章给出的泛型约束包括数据类型和操作两类泛型参数的构成域的精确描述，其在 Apla 中的设计机制是以 Apla 为宿主语言，包括约束定义以及约束的调用和例化。约束定义是约束机制在 Apla 中设计的重点，约束只有完整定义之后才可以供之后的约束调用和例化阶段使用，在约束定义的过程中可以调用已有的约束定义进行精化；约束调用规定了调用约束的方法，包括约束自调用和约束外调用；约束例化基于约束，用实例类型和实例操作将泛型参数实例化。

4.1　操作约束定义

在 Apla 中，操作包括函数和过程两部分[21]。泛型程序允许将操作作为参数，这样可以使操作泛化，具体操作可以对操作参数进行实例化。操作约束是对操作参数构成域的精确描述。对于操作参数，究竟哪些具体操作可以实例化它，必须给出精确的描述。考虑操作参数功能性部分，本书采用基于 Hoare 公理语义的操作规约来描述操作约束。操作规约由前置断言和后置断言组成，前置断言表示操作执行之前应该满足的条件，而后置断言表示操作终止时应该满足的条件。为了将操作规约表达清楚，必须使用一些符号、联结词和其他表示成分，这些成分共同构成操作规约描述语言，形式化地描述操作所实现的功能。设 AQ 表示操作的前置断言，AR 表示操作的后置断言，操作约束就是由前置断言{AQ}和后置断言

{AR}来描述的，即对于任意实例操作 S，若能判定{AQ}S{AR}成立，则 S 满足操作约束。操作约束充分体现了泛型程序设计的定义及其设计思想，是本书设计的一种新的约束形式。

操作规约是判定操作约束匹配的基础，操作约束是否精确反映问题及用户需求，直接影响最终约束匹配的正确性验证。在书写操作规约时，有两点需要说明：

(1) 必须指明操作规约中哪些标识符的值是可变的，哪些是不可变的。操作参数中有些标识符，它们的值在操作执行之前从外部获得，且在操作执行过程中始终保持不变，即这些标识符的值不随操作状态的改变而变化。本书称这类标识符为输入参数，用 in 表示。操作中还有另一类标识符，其值随程序的执行而不断变化，将其称为输出变量，用 out 表示。

(2) 引入辅助参量。为了描述操作变量取值的变化规律，在书写操作规约时，有时还需要引入一些辅助参量，说明操作执行前、后变量值之间的关系。辅助参量只能用于操作规约的描述，不得出现在操作中，使用 aux 说明。

定义 4-1　操作约束定义的语法描述(采用扩展的巴克斯-诺尔范式(EBNF))。

```
define constraint <约束名>;
  <泛型参数表>;
  [<约束精化关系>];
  [<约束主体>];
enddef;
<约束名>::=<标识符>
<约束主体>::=[<关联类型>];[<关联操作>];[<关联约束>];[<约束体>];
<泛型参数表>::= generic < someop <操作参数>{ ; someop <操作
 参数> } >
<约束精化关系>::=where ( <操作约束调用> )
<操作约束调用>::= <约束名> ( <操作参数> ; {<操作参数>} ) {<约
    束逻辑符> <约束名>(<操作参数> ; {<操作参数>}) }
<约束逻辑符>::=∧ | ∨
<操作参数>::=<泛型操作符>(<形参表>)[:<返回类型>]
<泛型操作符>::=⊙|⊕|<标识符>
<形参表>::=<标识符>{,<标识符>}:<类型>
<返回类型>::=<类型>
<关联类型>::=sometype <类型参数> { ; sometype <类型参数> }
<关联操作>::=someop <操作参数>{ ; someop <操作参数> }
```

```
<关联约束>::=where ( <类型约束调用> |<操作约束调用> )
<约束体>::=<操作规约>|<谓词逻辑公式>
<操作规约>::=<输入参数>[<输出变量>][<辅助参量>]{AQ} {AR}
<谓词逻辑公式>::=Qx:r(x):f(x)
```

说明：若操作参数只限定一些预定义操作，也可以使用谓词逻辑公式给予操作约束，下面的讨论若未做特别说明，均采用操作规约作为操作约束的约束体。

操作约束采用基于 Hoare 公理语义的操作规约，即用前置断言和后置断言来描述，便于对其操作约束进行约束匹配验证。

例 4-1　排序类操作约束定义：

```
define constraint Sort;
    generic <someop⊙(value result a:array[0..n-1, integer])>;
    |[in n: integer; out a[0:n-1]:array of integer]|
    AQ: n⩾0;
    AR: sort(a,0,n-1) ≡(∀w:1⩽w<n:a[w]⩽a[w+1])
enddef;
```

4.2　类型约束定义

本书将数据类型分为两大类：一类是传统数据类型，另一类是标准数据类型。传统数据类型定义了一组数据的集合，而标准数据类型定义了数据的集合以及定义在这个数据集上的一组操作。一些基本数据类型如 integer、boolean、real、char 等，枚举类型，自定义类型集合归类为传统数据类型；而另外一些 Apla 预定义组合数据类型如集合、序列、包、二叉树、图、自定义抽象数据类型等归类为标准数据类型。标准数据类型依据其定义在数据集上的一组操作之间是否有关联，又可以分为操作无关性数据类型和操作相关性数据类型。像栈、队列、集合等类型的所有操作之间是无关联的，可以把它们归为操作无关性数据类型；而另外一些标准数据类型，其定义在数据集上的操作相互具有关联，将其称为操作相关性数据类型，如图 4-1 所示。

4.2.1　传统数据类型约束

传统数据类型定义了一组数据的集合，不包含操作集合，因而在传统数据类型约束的定义中，不涉及抽象数据类型的定义。

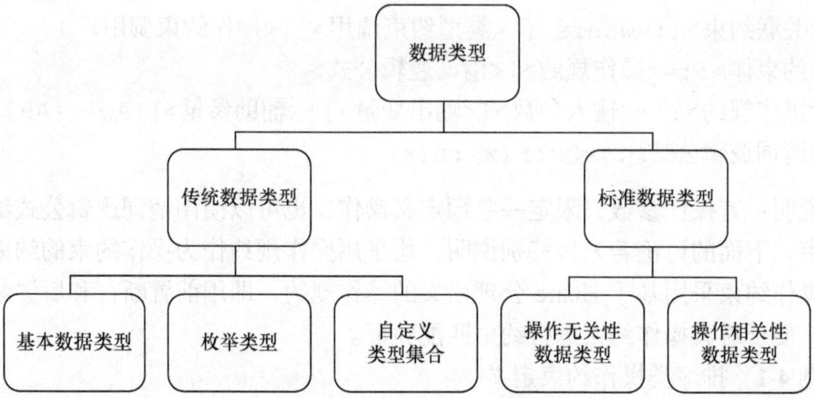

图 4-1　数据类型的分类

定义 4-2　传统数据类型约束定义的语法描述：

```
define constraint <约束名>;
   <泛型参数表>;
   [<约束精化关系>];
   [<约束主体>];
enddef;
<约束名>::=<标识符>
<约束主体>::=[<关联类型>];[<关联操作>];[<关联约束>];[<约束体>];
<泛型参数表>::=generic < sometype <类型参数> { ; sometype <类型参数> } >
<约束精化关系>::=where ( <类型约束调用> )
<类型约束调用>::= <约束名> ( <类型参数> ; {<类型参数>} ) {<约束逻辑符> <约束名>(<类型参数> ; {<类型参数>}) }
<约束逻辑符>::=∧ | ∨
<类型参数>::=<标识符>
<关联类型>::= sometype <类型参数> { ; sometype <类型参数> }
<关联操作>::=someop <操作参数>{ ; someop <操作参数> }
<关联约束>::=where ( <类型约束调用> |<操作约束调用> )
<约束体>::=<谓词逻辑公式>{<约束逻辑符><谓词逻辑公式>}
<谓词逻辑公式>::=Qx:r(x):f(x)
<约束逻辑符>::=∧ | ∨
```

其中，define constraint 和 enddef 为关键字。

$Qx:r(x):f(x)$表示在范围 $r(x)$上，对函数 $f(x)$施行 q 运算所得的量。其中 q 表示满足交换律和结合律的二元运算符；Q 表示量词符号，是二元运算符 q 的一般化量词；x 为约束变量；$r(x)$是范围，它刻画了约束变量的集合，即约束变量的取值范围；$f(x)$是约束变量的函数。量词 Q 具体包括∀(全称量词，对应算子为∧)、∃(存在量词，对应算子为∨)、Σ(求和量词，对应算子为+)、Π(求积量词，对应算子为*)、∇(求最小值量词，对应算子为 min)、Δ(求最大值量词，对应算子为 max)。

约束精化关系刻画了自定义约束与已定义约束(包括预定义约束库)之间存在的精化关系，它描述了逐步细化的层次关系，此关系是约束之间存在的主要关系。约束主体由关联类型、关联操作、关联约束和约束体四部分组成。为了有效描述约束的需求，需要额外定义一些与约束相关的类型和操作，这些类型和操作是非约束对象，此类型和操作称为关联类型和关联操作。关联类型和关联操作是为约束体服务的，它们与约束体的关系与函数变量声明与函数之间的关系类似。关联约束本质上属于约束调用范畴，其调用已定义约束，对关联类型与关联操作进行约束。约束体是约束主体的核心部分，由于逻辑公式(logical formula)是描述类型约束特征最合适的工具，这里选用谓词逻辑公式刻画约束关系。

例 4-2　Comparable 可比较类型约束和 EqualityComparable 等价比较类型约束：

```
define constraint Comparable;
    generic <sometype elem>;
    someop ⊕(x,y:elem):boolean;
      (x,y:x̄,ȳ=elem: ;∃(⊕∈{>,<,=,≠,⩾,⩽}));
enddef;
define constraint EqualityComparable;
    generic <sometype elem>;
    where (Comparable<elem>);
    someop ⊕(x,y:elem):boolean;
      (x,y:x̄,ȳ=elem: ┐(∃(⊕∈{>,<,⩾,⩽})));
enddef;
```

Comparable 约束刻画了一组可比较类型，为了有效描述可比较类型约束的需求，需要额外定义一些与约束相关的操作。someop ⊕(*x*,*y*:elem)就是可比较类型约束的关联操作部分。EqualityComparable 约束刻画了一组等价比较类型，这组类型只允许等价比较操作，而不允许其他比较操作。where (Comparable<elem>)是此约束的约束精化关系部分，指明等价比较类型是可比较类型的一个精化。约束体部分“┐(∃(⊕∈{>, <, ⩾,⩽}))”明确约定等价比较类型不允许>、<、⩾、⩽比

较操作。

4.2.2 标准数据类型约束

标准数据类型定义了数据的集合以及定义在这个数据集上的一组操作，因此在标准数据类型约束的定义中，需要抽象数据类型的定义。

定义 4-3 抽象数据类型约束定义的语法描述：

```
define constraint <约束名>;
   <泛型参数表>;
   [<约束精化关系>];
   [<约束主体>];
enddef;
<约束名>::=<标识符>
<约束主体>::=[<关联类型>];[<关联操作>];[<关联约束>];[<约束体>];
<泛型参数表>::=<定义泛型 ADT>;
     generic < someADT <类型参数> { ; someADT <类型参数> } >
<定义泛型 ADT>::=define ADT <ADT 名>(somtype <数据对象类型参
 数>{ ; sometype <数据对象类型参数> });
     someop <数据操作参数>; {  someop <数据操作参数>; }
enddef;
<约束精化关系>::=where ( <类型约束调用> )
<类型约束调用>::= <约束名> ( <类型参数> ; {<类型参数>} ) {<约
 束逻辑符> <约束名>(<类型参数> ; {<类型参数>}) }
<约束逻辑符>::=∧ | ∨
<类型参数>::=<标识符>
<数据操作参数>::=<泛型操作符>(<形参表>)[:<返回类型>]
<泛型操作符>::=⊙|⊕|<标识符>
<形参表>::=<标识符>{,<标识符>}:<类型>
<返回类型>::=<类型>
<数据对象类型参数>::=<标识符>
<ADT 名>::=<标识符>
<关联类型>::= sometype <类型参数> { ; sometype <类型参数> }
<关联操作>::=someop <操作参数>{ ; someop <操作参数> }
<关联约束>::=where ( <类型约束调用> |<操作约束调用> )
```

<约束体>::=<谓词逻辑公式>{<约束逻辑符><谓词逻辑公式>}

<谓词逻辑公式>::=Qx:r(x):f(x)

<约束逻辑符>::=∧ | ∨

例 4-3　半群(Semi-group)类型约束：

```
define constraint Semi-group;
    define ADT  T(sometype elem);
        someop⊙(a,b:elem):elem;
    enddef;
    generic <someADT   T>;
      (x,y,z:x̄,ȳ,z̄=elem:(x⊙y) ⊙z=x⊙(y⊙z));
enddef;
```

4.2.3　代数结构泛型约束库

标准数据类型定义了数据的集合以及定义在这个数据集上的一组操作，可以看成对应于一系列元素和在它们之上定义的代数操作。在代数学中用公理系统来研究代数系统，不必涉及操作(运算)的对象；用代数方法描述标准数据类型也不涉及数据类型的具体表示，它定义的是操作的抽象性质，用代数公理描述操作的语义，最常用的代数公理是等式公理[56,57]。根据不同的操作和等式公理可构造各种代数系统规范，任一抽象数据类型可以用一代数系统规范刻画[36]。

代数系统包括具体的代数系统和抽象的代数系统。代数结构又称抽象代数，主要研究抽象的代数系统，如群、环、域、格等，是代数学的一个分支。代数结构在计算机科学中有着广泛的应用，如自动机理论、编码理论、形式语义学、代数规范、密码学等都要用到代数结构的知识。构成一个代数结构有三方面的要素：集合、集合上的运算以及说明运算性质或运算之间关系的公理。代数结构也是一种数学模型，可以用它表示实际世界中的离散结构。例如，在形式语言中常将有穷字符表记为Σ，由Σ上的有限个字符(包括 0 个字符)可以构成一个字符串，称为Σ上的字。Σ上的全体字符串构成集合Σ^*。设α、β是Σ^*上的两个字，将β 连接在α 后面得到Σ^*上的字$\alpha\beta$。如果将这种连接看成Σ^*上的一种运算，那么这种运算不可交换，但是可结合。集合Σ^*关于连接运算就构成了一个代数系统，它恰好是代数结构——半群的一个实例。又如，整数集合 **Z** 和普通加法“+”构成了代数系统$\langle \mathbf{Z},+\rangle$，$n$ 阶实矩阵的集合 $M_n(R)$与矩阵加法“+”构成代数系统$\langle M_n(R),+\rangle$。幂集 $P(B)$与集合的对称差运算 $\oplus$ 也构成了代数系统$<P(B), \oplus>$。考察它们的共性不难发现，它们都含有一个集合和一个二元运算，并且这些运算都具有交换性和结合性等性质。为了概括这类代数系统的共性，可以定义一个代数结构$<A, \circ>$，其中 A 是一个集合，“∘”是 A 上可交换、可结合的运算，这类代数系统实际上就是交换半群。因此，代数结构常常是一类事物的抽象，可以刻画一类代数系统的共性，因此利用或构造适当的代数结构把一类相似问题统一于一个数学模式之中并构成可重用程序部件库是研究泛型程序设计的一条十分有效的途径[58]。

例如，标准数据类型中的操作相关性数据类型，可以视为一代数系统。其定义在数据集上的操作相互关联，因此用传统方法难以刻画此类类型的约束关系，本书提出利用或构造适当的代数结构把此类问题统一于一个数学模式之中并构成可重用程序部件库。通过操作和公理定义代数结构的思想，用代数规范描述此类标准数据类型，便得到其代数结构规范。

代数系统规范语言描述的规范说明由一系列的 Theory 组成。每个 Theory 由语法定义、语义定义和导入 Theory 三部分组成：

```
Theory theory名;
 sorts:  类型名表;
 opers:  操作名：类型名表→类型名;
         …
 where: 导入theory名表
 eqns: for 量词 变量说明
         等式左部 = 等式右部
         …
EndTheory;
```

在语法定义部分(sorts, opers)，操作名后的类型名表给出了该操作定义域的类型名，其后的类型名为该操作的结果类型名。语义定义部分(eqns)采用代数等式刻画操作的语义，等式右部还允许条件表达式和递归。

Apla 代数结构泛型约束库是本书提出的一类重要预定义约束库。本节使用代数系统规范语言给出常用基本代数结构规范，并基于这些代数结构规范，设计出预定义 Apla 代数结构泛型约束库。预定义 Apla 代数结构泛型约束库定义了幂等结构、交换结构、可逆结构、广群、半群、独异点、阿贝尔独异点、群、阿贝尔群、环、半环和闭半环等一系列约束[59]，它们之间的约束精化关系如图 4-2 所示，用户可以基于此预定义的基本代数结构约束库，依据需求自定义更多代数结构约束。

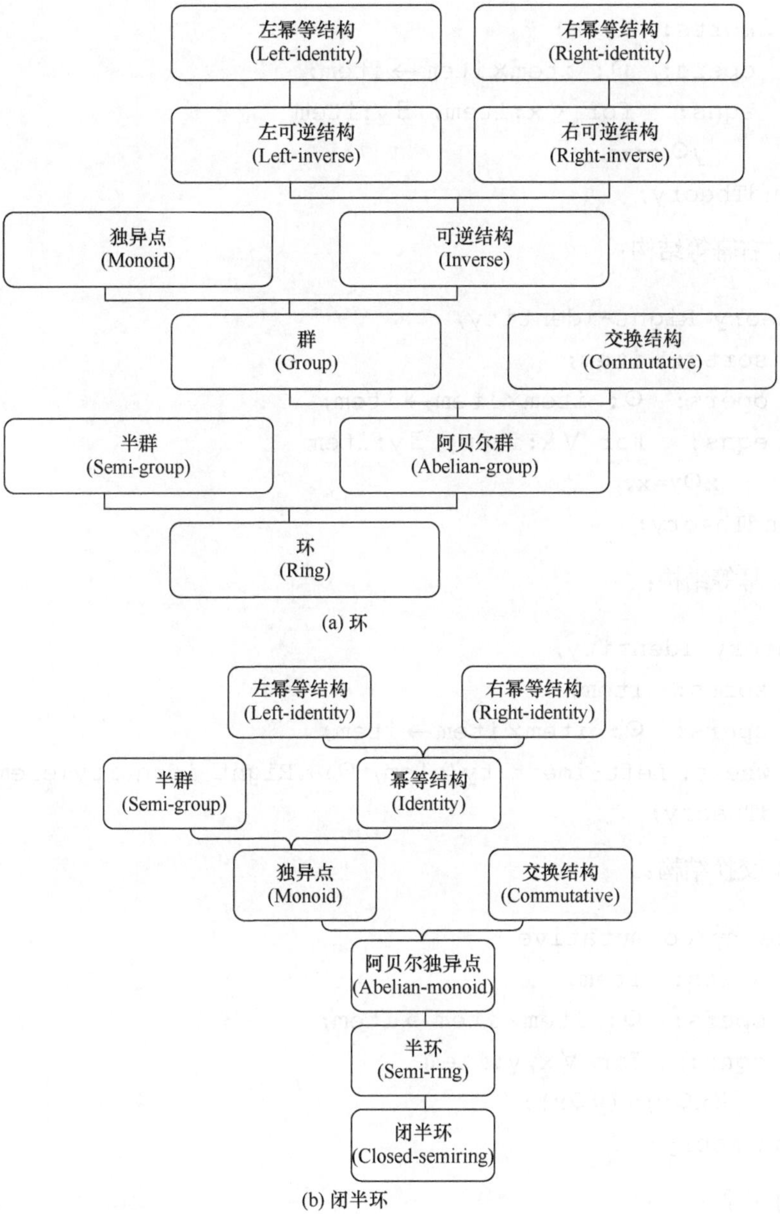

图 4-2　代数结构约束库的约束精化关系图

1. 基本代数结构规范

(1) 左幂等结构：

```
Theory Left-identity;
```

```
  sorts: item;
  opers:  ⊙: item×item→item;
  eqns:   for ∀x:item, ∃y:item
     y⊙x=x;
EndTheory;
```

(2) 右幂等结构：

```
Theory Right-identity;
  sorts: item;
  opers:  ⊙: item×item→item;
  eqns:   for ∀x:item, ∃y:item
     x⊙y=x;
EndTheory;
```

(3) 幂等结构：

```
Theory Identity;
  sorts:  item;
  opers:  ⊙: item×item→item;
  where: Left-identity(elem, ⊙)∧Right-identity(elem, ⊙);
EndTheory;
```

(4) 交换结构：

```
Theory Commutative
  sorts:  item;
  opers:  ⊙: item×item→item;
  eqns:   for ∀x,y:item
     (x⊙y)=(y⊙x);
EndTheory;
```

(5) 广群：

```
Theory Groupoid
  sorts:  item;
  opers:  ⊙: item×item→item;
EndTheory;
```

(6) 半群：

```
Theory Semi-group;
  sorts:  item;
  opers:  ⊙: item×item→item;
  eqns:   for ∀x,y,z:item
     (x⊙y) ⊙z=x⊙(y⊙z);
 EndTheory;
```

(7) 独异点：

```
Theory Monoid;
   sorts:  item;
   opers:  ⊙: item×item→item;
   where: Semi-group(elem, ⊙)∧Identity(elem, ⊙);
 EndTheory;
```

(8) 阿贝尔独异点：

```
Theory Abelian-monoid;
   sorts:  item;
   opers:  ⊙: item×item→item;
   where: Monoid (elem, ⊙)∧Commutative (elem, ⊙);
 EndTheory;
```

(9) 左可逆结构：

```
Theory Left-inverse;
  sorts:  item;
  opers:  ⊙: item×item→item;
  where: Left-identity(elem, ⊙);
    eqns:   for ∀x:item
       (-x) ⊙ x=0;
 EndTheory;
```

(10) 右可逆结构：

```
Theory Right-inverse;
  sorts:  item;
  opers:  ⊙: item×item→item;
```

```
  where: Right-identity(elem, ⊙);
   eqns:   for ∀x:item
       x⊙(-x)=0;
 EndTheory;
```

(11) 可逆结构:

```
Theory Inverse;
   sorts:  item;
   opers:  ⊙: item×item→item;
  where: Left-inverses (elem, ⊙)∧Right-inverses(elem, ⊙);
EndTheory;
```

(12) 群:

```
Theory Group;
   sorts:  item;
   opers:  ⊙: item×item→item;
   where: Monoid (elem, ⊙)∧ Inverses (elem, ⊙);
EndTheory;
```

(13) 阿贝尔群:

```
Theory Abelian-group;
   sorts:  item;
   opers:  ⊙: item×item→item;
   where: Group(elem, ⊙)∧Commutative(elem, ⊙);
EndTheory;
```

(14) 环:

```
Theory Ring;
   sorts:  item;
   opers:  ⊙: item×item→item;
      ⊕: item×item→item;
   where: Abelian-group (elem, ⊕)∧ Semi-group (elem, ⊙);
   eqns:  for ∀x,y,z:item
     x⊙(y⊕z)=(x⊙y) ⊕(x⊙z)∧(y⊕z) ⊙x=(y⊙x) ⊕(z⊙x);
 EndTheory;
```

(15) 半环:

```
Theory Semi-ring;
  sorts:  item;
  opers:  ⊙: item×item→item;
     ⊕: item×item→item;
  where: Abelian- monoid(elem, ⊕)∧Monoid (elem, ⊙);
  eqns:  for ∀x,y,z:item
     x⊙(y⊕z)=(x⊙y) ⊕(x⊙z)∧(y⊕z) ⊙x=(y⊙x) ⊕
    (z⊙x));;
 EndTheory;
```

2. Apla 代数结构泛型约束库

(1) 左幂等结构:

```
define constraint Left-identity;
   define ADT  T(sometype elem);
      someop⊙(a,b:elem):elem;
   enddef;
   generic <someADT  T>;
   (∀x∃y: x̄,ȳ=elem:y⊙x=x);
enddef;
```

注：x̄ 是 x 的类型。

(2) 右幂等结构:

```
define constraint Right-identity;
  define ADT  T(sometype elem);
     someop⊙(a,b:elem):elem;
  enddef;
  generic <someADT  T>;
  (∀x∃y: x̄,ȳ=elem:x⊙y=x);
enddef;
```

(3) 幂等结构:

```
define constraint Identity;
  define ADT  T(sometype elem);
```

```
    someop⊙(a,b:elem):elem;
  enddef;
  generic <someADT  T>;
  where (Left-identity(T(elem, ⊙))∧Right-identity
  (T(elem, ⊙)));
enddef;
```

(4) 交换结构:

```
define constraint Commutative;
  define ADT  T(sometype elem);
    someop⊙(a,b:elem):elem;
  enddef;
  generic <someADT  T>;
  (x,y:x̄,ȳ=elem:(x⊙y)=(y⊙x));
enddef;
```

(5) 广群:

```
define constraint Groupoid;
  define ADT  T(sometype elem);
    someop⊙(a,b:elem):elem;
  enddef;
  generic <someADT  T>;
enddef;
```

(6) 半群:

```
define constraint Semi-group;
  define ADT  T(sometype elem);
    someop⊙(a,b:elem):elem;
  enddef;
  generic <someADT  T>;
  (x,y,z:x̄,ȳ,z̄=elem:(x⊙y) ⊙z=x⊙(y⊙z));
enddef;
```

(7) 独异点:

```
define constraint Monoid;
```

```
   define ADT  T(sometype elem);
      someop⊙(a,b:elem):elem;
   enddef;
   generic <someADT  T>;
   where (Semi-group(T(elem, ⊙))∧Identity(T(elem, ⊙)));
enddef;
```

(8) 阿贝尔独异点:

```
define constraint Abelian-monoid;
   define ADT  T(sometype elem);
      someop⊙(a,b:elem):elem;
   enddef;
   generic <someADT  T>;
   where (Monoid (T(elem, ⊙))∧Commutative (T(elem, ⊙)));
enddef;
```

(9) 左可逆结构:

```
define constraint Left-inverse;
   define ADT  T(sometype elem);
      someop⊙(a,b:elem):elem;
   enddef;
   generic <someADT  T>;
   where (Left-identity(T(elem, ⊙));
  (x:x̄=elem:(-x) ⊙ x=0);
enddef;
```

(10) 右可逆结构:

```
define constraint Right-inverse;
   define ADT  T(sometype elem);
      someop⊙(a,b:elem):elem;
   enddef;
   generic <someADT  T>;
   where (Right-identity(T(elem, ⊙));
  (x:x̄=elem:x⊙(-x)=0);
enddef;
```

(11) 可逆结构:

```
define constraint Inverse;
   define ADT  T(sometype elem);
      someop⊙(a,b:elem):elem;
   enddef;
   generic <someADT  T>;
   where (Left-inverses T(elem, ⊙))∧Right-inverses
   (T(elem, ⊙));
enddef;
```

(12) 群:

```
define constraint Group;
  define ADT  T(sometype elem);
     someop⊙(a,b:elem):elem;
  enddef;
  generic <someADT  T>;
  where (Monoid (T(elem, ⊙))∧ Inverses (T(elem, ⊙));
enddef;
```

(13) 阿贝尔群:

```
define constraint Abelian-group;
  define ADT  T(sometype elem);
     someop⊙(a,b:elem):elem;
  enddef;
  generic <someADT  T>;
  where (Group(T(elem, ⊙))∧Commutative(T(elem, ⊙)));
enddef;
```

(14) 环:

```
define constraint Ring;
   define ADT  T(sometype elem);
      someop⊕(a,b:elem):elem;
      someop⊙(a,b:elem):elem;
   enddef;
   generic <someADT  T>;
```

```
   where (Abelian-group (T(elem, ⊕)) ∧ Semi-group (T
   (elem, ⊙)));
   (x,y,z:x̄,ȳ,z̄=elem: x⊙(y⊕z)=(x⊙y) ⊕(x⊙z)∧(y⊕z)
   ⊙x=(y⊙x) ⊕(z⊙x));
enddef;
```

(15) 半环:

```
define constraint Semi-ring
   define ADT T(sometype elem);
      someop⊕(a,b:elem):elem;
      someop⊙(a,b:elem):elem;
   enddef;
   generic <someADT T>;
   where (Abelian-monoid(T(elem, ⊕))∧Monoid (T(elem,
   ⊙))); (x,y,z:x̄,ȳ,z̄=elem: x⊙(y⊕z)=(x⊙y) ⊕(x⊙z)∧
   (y⊕z) ⊙x=(y⊙x) ⊕(z⊙x));
enddef;
```

通过上述代数结构约束定义库可以看出,基于谓词逻辑公式和约束精化关系,可以较简单地将各类代数结构清晰地描述出来。

4.3　约束调用及例化

4.3.1　约束调用

约束调用规定了调用约束的方法,可约定类型参数和操作参数符合约束需求。与函数调用的作用类似，在约束定义之后只有通过约束调用才能将约束的作用体现出来。约束调用包括约束自调用和约束外调用。约束自调用是在约束定义内调用已定义的约束，约定其类型参数和操作参数符合约束需求。约束外调用是在泛型过程或函数中调用约束，其作用与约束自调用类似，与约束自调用的区别主要是作用范围的不同，约束外调用的作用范围为泛型过程或函数，约束自调用的作用范围是约束定义部分。

(1) 约束自调用。

约束自调用主要包含约束定义中的<约束精化关系>和<关联约束>部分。

例如，4.2.3 节中代数结构幂等性的约束精化关系部分:

where (Left-identity(T(elem, ⊙))∧Right-identity(T(elem, ⊙)));

属于约束自调用范畴。

(2) 约束外调用。

约束外调用是约束调用的主要部分，作用范围为泛型过程或函数，约束泛型过程或函数的类型参数和操作参数符合约束需求。

为简化操作，本书统一了约束自调用和约束外调用的语法形式，统称为约束调用。

定义 4-4 约束调用的语法描述，分三类情况。

(1) 传统数据类型约束调用：

<基本数据类型约束调用>::= where <约束名> (<类型参数> ；{<类型参数>} {<约束逻辑符> <约束名>(<类型参数> ；{<类型参数>}) })

(2) 操作约束调用：

<操作约束调用>::= where <约束名> (<<泛型操作符>> ；{<<泛型操作符>>} {<约束逻辑符> <约束名>(<<泛型操作符>> ；{<<泛型操作符>>}) })

(3) 标准数据类型约束调用：

<抽象数据类型约束调用>::= where <约束名> (<ADT 名>(<数据对象类型参数>,<泛型操作符>)){<约束逻辑符> <约束名> (<ADT 名>(<数据对象类型参数>,<泛型操作符>))}

<约束逻辑符>::=∧ | ∨

<泛型操作符>::=⊙|⊕|<标识符>

<类型参数>::=<标识符>

<ADT 名>::=<标识符>

<数据对象类型参数>::=<标识符>

完整的泛型过程和泛型函数的语法描述如定义 4-5 和定义 4-6 所示。

定义 4-5 泛型过程定义：

<泛型过程定义> ::= <泛型过程头> <过程体>

<泛型过程头> ::= <泛型参数表> <过程头> [<约束调用>]

<过程头> ::= "procedure" <泛型过程名>; |"procedure" <泛型过程名>(<形参部分>{;<形参部分>});

<形参部分>　::=result <参数组>|value <参数组>
<参数组> ::=<标识符>{,<标识符>}:<类型>
<过程体> ::=[<常量说明>][<类型说明>][<变量说明>][<过程说明>]
　　[<函数说明>]"begin"<复合语句> "end;"
<泛型过程名> ::= <标识符>

定义 4-6　泛型函数定义：

<泛型函数定义> ::= <泛型函数头> <函数体>
<泛型函数头> ::= <泛型参数表> <函数头> [<约束调用>]
<函数头> ::= "function" <泛型函数名>":" <返回类型>;
　　|"function" < 泛型函数名>(<形参部分>{;<形参部分>}):<返回类型>;
<返回类型> ::=<类型>
<函数体> ::=[<常量说明>][<类型说明>][<变量说明>][<过程说明>]
　　[<函数说明>]"begin"<复合语句> "end;"
<泛型函数名> ::= <标识符>

例 4-4　泛型过程 UpdateAll，调用 Small 和 Basetype 约束，Small 约束刻画了类型规模小于 100 的一组类型，Basetype 约束代表一组基本数据类型。

```
define constraint Small;
  generic <sometype elem>;
  ∀(x:x̄=elem: #(x)<=100);
enddef;
define constraint Basetype;
  generic <sometype elem>;
  ∀(x:x̄=elem:x̄∈{integer,real,char,boolean});
enddef;
generic <sometype elem1;sometype elem2>;
procedure UpdateAll(S:elem1;x:elem2);
where (Small(elem1)∧Basetype(elem2));
var
  i:integer;
begin
  i:=1;
  do i ≤ #(S)-1→S[i]:=x; od;
```

```
end;
```

例 4-4 的泛型过程 UpdateAll 的类型参数为 elem1 和 elem2，约束调用语句为“where (Small(elem1) ∧ Basetype(elem2))”，分别调用约束 Small<elem1>和 Basetype<elem2>，约定类型参数 elem1 符合约束需求 Small，类型参数 elem2 符合约束需求 Basetype。

4.3.2 约束例化

约束例化是基于约束，用具体类型和具体操作将泛型参数实例化，实例化参数约定必须满足约束需求。约束例化的语法描述如定义 4-7 所示。

定义 4-7 约束例化的语法描述：

<约束例化定义>::=<过程约束例化>|<函数约束例化>;

<过程约束例化>::=procedure <过程名>: new <泛型过程名> (<实例化参数表>)

<函数约束例化>::=function <函数名>: new <泛型函数名> (<实例化参数表>)

<实例化参数表>::=instantiation <约束名> [<实例化类型>{;<实例化类型>}] [<实例操作名>{;<实例操作名>}] {;instantiation <约束名> [<实例化类型>{;<实例化类型>}] [<实例操作名>{;<实例操作名>}] }

这里以泛型过程实例化调用语句的正确性证明来进行说明，形参说明时，引用参数前冠以 result 标识，值参数前冠以 value 说明。约定泛型过程调用与泛型过程说明之间除了应满足一般语言的规定，还应满足以下两个约束条件：

(1) 泛型过程体中不包含递归调用；

(2) 泛型过程体不存在全局变量。

下面以一个简单的实例来讨论泛型过程调用语句的正确性证明。

假设有泛型过程说明如下：

```
generic <sometype elem>;                              (4.1)
procedure P(value x:elem;value result y:elem; result z:
elem);
where (C(elem));
    {Φ}
     S
    {Ψ}
```

过程实例化调用语句为

```
procedure P1 : new P( instantiation C (t;op1;op2));
            P1(a,b,c);                           (4.2)
```

其中, C 代表的是泛型过程 P 必须满足的约束, t 是类型参数 elem 的实例化类型, 利用约束精化关系和谓词表达式变换规则将约束 C 展开, 最终约束 C 的形式仍可统一为谓词表达式 $Qx{:}r(x){:}f(x)$。

x 为值参数, y 既为值参数又为引用参数, z 为引用参数。由值参数和引用参数的性质可知, P1(a,b,c)语句相当于执行了以下语句序列:

```
Qx:r(x):f(x) (t),elem,x,y:=true,t,a,b;
  S
 b,c:=y,z;
```

于是有

```
wp("P1(a,b,c)",R)=wp("Qx:r(x):f(x) (t),elem, x,y:= true,
 t,a,b; S ; b,c:=y,z",R)
```

下面证明一个关于泛型过程调用的定理。

定理 4-1　对于式(4.1)的泛型过程说明,若已经证明泛型过程体 S 的断言$\{\Phi\}S\{\Psi\}$成立, 则对于式(4.2)的调用语句 P1(a,b,c), 有如下断言成立:

$$\left\{\eta:\Phi_{\mathrm{true},t,a,b}^{Qx:r(x):f(x)(t),\mathrm{elem},x,y}\wedge\forall u\wedge\forall v\left(\Psi_{a,u,v}^{x,y,z}\Rightarrow R_{u,v}^{b,c}\right)\right\}\mathrm{P1}(a,b,c)\{R\}$$

证明　将过程体 S 的作用看成计算出两个值 u、v, 并将它们分别赋给引用参数 y、z。因此, η 实际上就是下列语句的前置断言:

```
        {η}
Qx:r(x):f(x) (t),elem,x,y:=true,t,a,b;
        {Φ}
y,z:=u,v;
        {Ψ}
b,c:=y,z
        {R}
```

根据复合语句及赋值语句的 WP 语义, 可得

$$\eta\equiv\Phi_{\mathrm{true},t,a,b}^{Qx:r(x):f(x)(t),\mathrm{elem},x,y}\wedge\left(\left(\Psi\Rightarrow R_{y,z}^{b,c}\right)_{u,v}^{y,z}\right)_{a,b}^{x,y}$$

($\varPhi$, $\varPsi$)是泛型过程体 S 的程序规约，不应该包含实参 a、b、c，R 是 P1(a,b,c) 的后置断言，且不含形参 x、y、z。若这两个条件不满足，则可以通过对过程说明进行系统性换名来解决。因此上式等价于

$$\eta \equiv \varPhi_{\text{true},t,a,b}^{Qx:r(x):f(x)(t),\text{elem},x,y} \wedge \left(\varPsi_{a,u,v}^{x,y,z} \Rightarrow R_{y,z}^{b,c}\right)$$

由于泛型过程体 S 无论计算出什么 u、v 值，上式均成立，于是有

$$\eta\text{:}\,\varPhi_{\text{true},t,a,b}^{Qx:r(x):f(x)(t),\text{elem},x,y} \wedge \forall u \wedge \forall v\left(\varPsi_{a,u,v}^{x,y,z} \Rightarrow R_{u,v}^{b,c}\right)$$

因此，定理 4-1 得证。

定理 4-1 给出了泛型过程实例化调用语句的正确性证明方法，泛型函数实例化调用语句的正确性证明方法与定理 4-1 同理，因此这里不再给出证明过程。

例 4-5 约束例化例 4-4 中的泛型过程 UpdateAll，实例化参数约定必须满足 Small 和 Basetype 约束需求。

```
procedure UpdateAllInteger: new UpdateAll(instantiation
Small<list(integer,100)>; instantiation Basetype<integer>);
{实例化参数为"list(integer,100)"和"integer", 分别满足 Small
和 Basetype 约束 }
procedure UpdateAllReal: new UpdateAll(instantiation Small
<array [1..100,real]>; instantiation Basetype<real>);
{实例化参数为"array [1..100,real]"和"real", 分别满足 Small 和
Basetype 约束 }
procedure UpdateAllChar: new UpdateAll(instantiation Sma ll
<set(char,50)>; instantiation Basetype<char>)
{实例化参数为"set(char,50)"和"char",分别满足 Small 和 Basetype
约束 }
procedure xyz: new UpdateAll(instantiation Small<list
(integer,1000)>; instantiation Basetype<integer>);
{实例化参数为"list(integer,1000)"和"integer", 由于"list
(integer,1000)"不满足 Small 约束, 实例化错误}
procedure abc: new UpdateAll(instantiation Small<list
(integer,100)>; instantiation Basetype<array[1..100,
integer]>);
{实例化参数为"list(integer,100)"和"array[1..100,integer]",
由于"array[1..100,integer]"不满足 Basetype 约束, 实例化错误}
```

4.4 完整实例

包含约束机制的泛型 Apla 程序基本结构：

```
program<程序名>
        [<常量说明>;]
        [<类型说明>;]
        [<变量说明>;]
        [<抽象数据类型说明>;]
        [<约束定义>;]
        [<泛型过程或函数>;]
        [<约束例化>;]
begin
   <语句序列>;
end
<泛型过程或函数>::= <泛型参数表> <过程头或函数头> <约束调用>
                    <过程体或函数体>
```

4.4.1 泛型 Kleene 算法

1. 闭半环约束定义

闭半环是一类代数结构，在自动机理论、顺序机、矩阵操作和图论算法等诸多计算机领域有着广泛应用。

定义 4-8 (闭半环)　一个闭半环是由一个五元组$(S, \oplus, \odot, \theta, I)$构成的代数系统，其中$S$是元素的集合，$\oplus$、$\odot$是$S$上的二目运算，分别称为“加”和“乘”，它们满足下面五个特性[54]：

(1) $(S, \oplus, \theta)$是一个幺半群，$(S, \odot, I)$也是一个幺半群。

(2) $\oplus$是可交换的，即$a \oplus b = b \oplus a$。

(3) $\odot$对$\oplus$是可分配的。

(4) 如果 $a_1, a_2, a_3, \cdots, a_i, \cdots$是 S 中元素的可数序列，即和 $a_1 \oplus a_2 \oplus a_3 \oplus \cdots \oplus a_i \oplus \cdots$存在且唯一，就是说不论用怎样的结合顺序求“和”结果都一样。

(5) 对可数无穷“和”是可分配的，即

$$\sum_{i=0}^{\infty} a_i \odot \sum_{j=0}^{\infty} b_j = \sum_{i,j=0}^{\infty} a_i \odot b_j$$

其中，$\sum_{i=0}^{\infty} a_i = a_1 \oplus a_2 \oplus a_3 \oplus \cdots \oplus a_i \oplus \cdots$。

本节采用标准数据类型约束定义方法，基于预定义的代数结构约束库，给出闭半环代数结构的约束定义。

```
define constraint Basebinaryop;
   generic < someop ⊙(x,y:elem)>;
   sometype elem;
   where (Basetype(elem));
  (x,y: x̄, ȳ =elem;⊙∈{MIN,MAX,+,-,*,/,∧,∨,≠,≤,≥,∩,∪,∈, , });
enddef;
define constraint Closed-semiring
   define ADT  T(sometype elem);
      someop⊕(a,b:elem):elem;
      someop⊙(a,b:elem):elem;
   enddef;
   generic <someADT  T>;
   where  (Basetype(T.elem)  ∧  Basebinaryop(T. ⊕ )  ∧
   Basebinaryop (T.⊙)∧(Semi-ring (T(elem, ⊕, ⊙));
   (x,y: x̄ , ȳ =integer; a[x], a[y] =elem: (⊕_{x=0}^{∞}) a[x]⊙ (⊕_{y=0}^{∞}) b[y] =
   (⊕_{x,y=0}^{∞}) (a[x]⊙b[y] ));
enddef;
```

2. 约束调用闭半环

闭半环结构的一个典型应用实例是 Kleene 泛型算法[54]，Kleene 给出了一个 $O(n^3)$的算法解决了通用的路径问题。本书用分划递推法给出此算法的形式化推导过程。

针对闭半环，给出一个特殊的一元操作闭包的定义[54]。

定义 4-9 (闭半环闭包 a^*)　假定 a 是集合 S 中的一个元素，a 的幂可以定义为以下形式：

$$a^0 = I$$
$$a^n = a \odot a^{n-1}$$
$$a^* = I \oplus a \oplus a^2 \oplus \cdots \oplus a^n \oplus \cdots$$

依据前述闭半环的性质，可得

$$a^* = I \oplus a \odot a^*$$

显然，若 a 是闭半环结构的一个元素，则可得 $a^* = I$。

基于上述定义，可以推导出图的通用路径问题的一个泛型算法程序。

给定一个有向连通图 $G = (V,E,C)$，其中 V 是点的集合，E 是边的集合，C 是每一条边的长度(非负)的集合。假定$\#V = n$，用变量 $j(1 \leqslant j \leqslant n)$代表每个点，集合 C 采用邻接矩阵 $C(1{:}\ n, 1{:}\ n)$，$C(i, j)$代表边(i, j)的长度。如果在点 s 和点 t 之间没有边，则 $C(s, t)$的值为θ。PATH(s,t)代表点 s 和点 t 之间所有路径的集合。number(p)代表路径 p 中的边数，length(p)代表路径 p 的长度，cost(s,t)代表点 s 和点 t 之间路径的长度。则有

$$\text{length}(p) = \odot(\langle i, j\rangle{:}\langle i, j\rangle \in p{:}C(i, j))$$

$$\text{cost}(s,t) = p{:}p \in \text{PATH}(s,t){:}\text{length}(p)$$

通用的路径问题就是判定图的所有节点对之间的路径长度。问题的规约如下。

AQ：给定一个有向连通图 $G = (V,E,C)$，其中$\#V = n$，所有节点记为 $1 \sim n$，$(C, \oplus, \odot, \theta, I)$是一个闭半环结构，其中$\oplus$操作具有幂等性，$\odot$操作具有交换性。

AR：$\forall(s,t{:}1 \leqslant s,t \leqslant n{:}\text{cost}(s,t) = \odot(p{:}p \in \text{PATH}(s,t){:}\ \text{length}(p))$。

定义 PATHv(s, t, j)代表点 s 和点 t 之间所有经过的中间节点在集合$\{1,2,\cdots, j\}$中的路径的集合。因为每条路径最多经过 n 个节点，所以 j 的范围为 $1 \leqslant j \leqslant n$，可以得出

$$\text{PATH}(s,t) = \bigcup(j{:}\ 1 \leqslant j \leqslant n{:}\ \text{PATHv}(s, t, j)) \tag{4.3}$$

$$\begin{aligned}&\text{cost}(s,t)\\&= (p{:}\ p \in \text{PATH}(s,t){:}\text{length}(p))\\&= (p{:}\ p \in \bigcup(j{:}\ 1 \leqslant j \leqslant n{:}\ \text{PATHv}(s,t, j)){:}\text{length}(p)) \quad [\text{式(4.3)}]\\&= (j{:}\ 1 \leqslant j \leqslant n{:}\ (p{:}p \in \text{PATHv}(s,t, j)){:}\text{length}(p))\ [\text{范围析取}^{[21]}] \qquad (4.4)\\&= (j{:}\ 1 \leqslant j < n{:}\ (p{:}p \in \text{PATHv}(s,t, j)){:}\text{length}(p))\\&\quad \oplus (p \in \text{PATHv}(s,t,n){:}\text{length}(p)) \qquad [\text{范围析取和单点范围}^{[21]}]\end{aligned}$$

从上述推导过程可以看出，分划计算 cost(s,t)是解决这个问题的一个有效途径，可以得出

$$\text{cost}_k(s,t) = (j{:}\ 1 \leqslant j \leqslant k{:}\ (p{:}\ p \in \text{PATHv}(s,t, j)){:}\ \text{length}(p)) \wedge 1 \leqslant k \leqslant n \tag{4.5}$$

于是

$$\text{cost}_n(s,t) = \text{cost}(s,t)$$

得出此算法的算法不变式(I.1)：

(I.1) $\forall(s,t{:}1 \leqslant s,t \leqslant n{:}\text{cost}_k(s,t) = (j{:}\ 1 \leqslant j \leqslant k{:}$

$(p{:}p \in \text{PATHv}(s,t, j)){:}\text{length}(p)) \wedge 1 \leqslant k \leqslant n$

为计算 $cost_k(s,t)$，寻找其中的递推关系：

$$
\begin{aligned}
& cost_k(s,t) \\
& = (j: 1 \leqslant j \leqslant k: (p: p \in PATHv(s,t,j)): length(p)) \quad [式(4.5)] \\
& = (j: 1 \leqslant j < k: (p: p \in PATHv(s,t,j)): length(p)) \\
& \quad \oplus (p \in PATHv(s,t,k): length(p)) \quad [范围析取和单点范围] \\
& = cost_{k-1}(s,t) \oplus (p \in PATHv(s,t,k): length(p)) \\
& = cost_{k-1}(s,t) \oplus (cost_{k-1}(s,k) \odot (cost_{k-1}(k,k))^* \odot cost_{k-1}(k,t))
\end{aligned}
$$

[$PATHv(s,t,k)$可以划分为三部分：$PATHv(s,k,k-1)$、$PATHv(k,k,k-1)$和 $PATHv(k,t,k-1)$]。

递推关系见引理 4-1。

引理 4-1 $cost_k(s,t) = cost_{k-1}(s,t) \oplus (cost_{k-1}(s,k) \odot (cost_{k-1}(k,k))^* \odot cost_{k-1}(k,t))$。

为了计算 $cost_k(s,t)$，必须先计算得到 $cost_{k-1}(s,t)$的初始值，得到如下前置断言。

前置断言：

$$\forall s,t: 1 \leqslant s,t \leqslant n \wedge s \neq t: cost_0(s,t) = I \oplus C(j,j)$$

设 vertex(p)为 path p 的中间节点中的最大数，则

$$\max vertext(s,t) = MAX(p: p \in PATH(s,t): vertex(p))$$

显然，对于所有在 s 和 t 之间的路径，若没有中间节点在集合$\{k+1, k+2, \cdots, n\}$中，如 max vertext$(s,t) = k$，则 $cost_k(s,t)$为点 s 和点 t 之间的路径长度。因此，得到引理 4-2。

引理 4-2 若 max vertext$(s,t) = k$，则 $cost(s,t) = cost_k(s,t)$。

因此，若 $cost_k(s,t)$达到它的下限 $cost(s,t)$，则算法必须使其不再改变。因此，可以得到算法的另一个算法不变式：

(I.2) $\forall(s,t: 1 \leqslant s,t \leqslant n: \max vertext(s,t) \leqslant k \Rightarrow cost(s,t) = cost_k(s,t))$

基于算法不变式(I.1)和(I.2)，引理 4-1、引理 4-2 和前置断言，给出 Kleene 算法的 Radl 算法描述：

```
ALGORITHM: Kleene
SPECIFICATION: Q, R
INVARIANT: (I.1) ∧ (I.2)
begin: ∀(s, t : 1 ⩽ s,t ⩽ n ∧ s ≠ t : cost0(s, t) = C(s,t)) ∧
   ∀(j : 1 ⩽ j ⩽ n : cost0(j, j)=I ⊕ C(j,j))
   RANGE:1⩽k⩽n∧1⩽s,t⩽n
   RECUR: costk(s,t)= costk-1(s,t) ⊕ (costk-1(s,k) ⊙ (costk-1(k,
  k))*⊙costk-1(k,t))
```

```
end;
```

将 $cost_k(s,t)(1 \leqslant s,t \leqslant n)$存储于数组 array $d(1..n,1..n)$，可以直接将算法不变式和 Radl 算法转换成对应的循环不变式和程序。

下面给出用 Apla 描述的 Kleene 泛型过程，其中调用闭半环约束。

```
(L.1): ∀(s,t : 1 ≤ s,t ≤ n :costₖ(s,t) = d(s,t))∧1≤k≤n。
(L.2): ∀(s,t : 1 ≤ s,t ≤ n :max vertext(s,t)≤k⇒d(s,t) =
costₖ(s,t) = cost(s,t))。
generic <someADT T)>;
procedure Kleene (n:integer; d:array [1..num,array[1..
num,elem]]);
where (Closed-semiring (T(⊕,⊙)));
var
   s,t,k:integer;
begin
   {Q; R}
   k:=1;
   {∀(s,t : 1 ≤ s,t ≤ n ∧ s ≠ t : d(s,t) =C(s,t));
   ∀(j : 1 ≤ j ≤ n : d(j,j)=I⊕C(j,j));}
   {L.1∧L.2}
   do(k≤n)→
   foreach(s,j:1≤s,t≤n:C[s,t]:=d[s,t]⊕(d[s,k]⊙d [k,t]););
   k:=k+1;od;
end;
```

Kleene 泛型过程的泛型参数为一个抽象数据类型参数 T，其中 T 必须符合 Closed-semiring 闭半环约束，where (Closed-semiring ($T(\oplus,\odot)$))为约束调用语句。

3. 约束例化

Kleene 泛型算法统一了一系列图的路径算法问题，包括最短路径算法、传递闭包算法和最大容量路径算法。选取适当的闭半环通过实例化语句替换泛型过程中的抽象数据类型参数 T，就可以生成解决不同问题的具体算法。例如，选取闭半环($I^{+} \cup \{+\infty\}$,MIN,+,$+\infty$,0)，执行实例化语句：

```
ADT A1: new T(integer;MIN;+);
procedure floyd : new Kleene( instantiation Closed-semiring
```

```
(A1));
```

可以生成计算有向图 G 所有顶点对之间最短路径的子程序。

又如，选取闭半环({0,1},∨;∧,0,1)，执行实例化语句：

```
ADT A2: new T(boolean;∨;∧);
procedure close_set : new Kleene (instantiation Closed-semiring(A2);
```

可以生成计算有向图 G 传递闭包的子程序。

再如，选取闭半环($I^{+}\cup\{+\infty\}$,MAX,MIN,0,+∞)执行实例化语句：

```
ADT A3: new T(integer;MAX; MIN);
procedure capcity : new kleene (instantiation Closed-semiring
(A3);
```

可以生成计算有向图中所有顶点间最大容量的算法。

可以证明，凡是满足闭半环特性的问题都可以通过对这一部件的实例化求解，这就使得这一部件成为一类算法的抽象[54]。

4.4.2 泛型二分搜索算法

(1) 排序类操作约束定义：

```
define constraint Sort;
    generic <someop⊙(value result a:array[0..n-1, integer])>;
    |[in n: integer; out a[0:n-1]:array of integer]|
    AQ: n⩾0;
    AR: sort(a,0,n-1) ≡(∀w:1⩽w<n:a[w]⩽a[w+1])
enddef;
```

(2) 约束调用排序类操作：

```
/*设 b 是一个未排序的整型数组，函数 BinaSearch 的功能是二分搜索 b
中元素 x 的大小位次*/
generic < someop⊙(value result a:array[0..n-1,integer])>;
function BinaSearch (x:integer, value result b:array[0..
n-1,integer],k:integer)
:integer;
{输入 b 数组，共有 k 个数，二分搜索 b 中的元素 x，输出元素 x 的大小位次}
```

```
where (Sort(⊙(b)));
var
  i,m,n,j:integer;
begin
    ⊙(b);
    m:=1;n:=k;j:=0;i:=0;
    do(m⩽n)→j:=(m+n)/2;
          f (x=b[j])→m:=n+1;
            i:=j;
          [] (x<b[j])→n:=j-1;
          [] (x>b[j])→m:=j+1;
          fi;
    od;
    writeln("要搜索的数在这组数中位置为:",i);
end;
```

二分搜索算法的前提条件是搜索数列必须已排序，因此泛型操作⊙(value result *a*:array[0..*n*−1,integer])必须要将数组 *a* 转换为排序数组。只有符合排序类操作约束的具体操作才可以实例化泛型操作⊙。

(3) 约束例化：

```
//冒泡排序过程
procedure BubbleSort(value result a:array[0..n-1,integer]);
var i, k:integer;
begin
   i:=n;
   do i>1→k:=1;
       do k<i → if a[k]>a[k+1] →t:=a[k];a[k]:=a [k+1];a[k+1]:=t;
       fi;
       k:=k+1;
       od;
       i:=i-1;
   od;
end;
//希尔排序过程
procedure ShellSort(value result a:array[0..n-1,integer]);
```

```
var i,j,t,d:integer;
begin
   d:= n div 2;
   do d≥1→i:=d+1;
      do i≤n→t,j:=a[i],i-d;
         do (j>0)∧(t<a[j])→a[j+d],j:=a[j],j-d;
         od;
         a[j+d]:=t;
         i:=i+1;
      od;
      d := d div 2;
   od;
end;
```

冒泡排序和希尔排序均符合排序类操作约束定义，即排序类操作的前/后置断言，证明过程见 5.2.3 节。因此，下列实例化语句均是合法的：

```
procedure BubbleFind : new FindN( instantiation Sort
(Bubbl eSort));
procedure ShellFind : new FindN( instantiation Sort
(Shell Sort));
```

4.4.3 泛型 Bellman-Ford 算法

本书设计的泛型约束机制可以成功应用于解决基于可交换闭半环约束的泛型 Bellman-Ford 算法[60]。

(1) 可交换闭半环约束定义：

```
define constraint Commutative-closedsemiring
   define ADT  T(sometype elem);
      someop⊕(a,b:elem);
      someop⊙(a,b:elem);
   enddef;
   generic <someADT  T>;
   where (Closed-semiring (T(elem,⊕,⊙) ∧Commutative(T
   (elem,⊙)));
enddef;
```

其中，约束 Closed-semiring 和 Commutative 的定义见 4.2.3 节。

(2) 约束调用可交换闭半环。定义泛型 Bellman-Ford 过程，其中约束调用可交换闭半环。

```
generic <someADT T)>;
procedure Bellman-Ford (d:array [1..n,elem]); C:array
[1..n,array[1..n,elem]]);
where (Commutative-closedsemiring((T(elem,⊕,⊙)));
var
   k: 1:n; t, x, y: vertex; V: set(vertex, n);
begin
    k:=1;
    Foreach y: y∈V: do d(y):=C(s, y) od;
    Foreach j: 1⩽j⩽n: do d(j):=I⊕C(j, j) od;
    do k≠n -> Foreach t: t∈V: do d(t)=⊕ (d(t), ⊕ (x:
    x∈into(t): d(x) ⊙ C(x, t))) od;
    k:=k+1;
    od;
end;
```

Bellman-Ford 泛型过程的泛型参数为一个抽象数据类型参数 *T*，*T* 必须符合 Commutative-closedsemiring 可交换闭半环约束，where (Commutative-closedsemiring ((*T*(elem,⊕,⊙)))为约束调用语句。

(3) 约束例化。所有满足可交换闭半环约束的实例化抽象数据类型均可以实例化上述泛型 Bellman-Ford 过程，如 *T*(integer;min;+)、*T*(boolean;∨;∧)等。

4.4.4 泛型极值类算法

本书设计的泛型约束机制也可以成功应用于解决基于半环约束的泛型极值类算法[61]。

(1) 半环约束定义：

```
define constraint Semi-ring
    define ADT  T(sometype elem);
        someop⊕(a,b:elem);
        someop⊙(a,b:elem);
    enddef;
    generic <someADT  T>;
```

```
    where (Abelian-monoid(T(elem, ⊕ )) ∧ Monoid (T(elem,
    ⊙)));
   (x,y,z:x̄,ȳ,z̄=elem: x⊙(y⊕z)=(x⊙y) ⊕ (x⊙z) ∧ (y⊕z) ⊙x
   =(y⊙x) ⊕ (z⊙x));
enddef;
```

其中，约束 Abelian-monoid 和∧Monoid 的定义见 4.2.3 节。

(2) 约束调用半环。定义泛型极值类过程，其中约束调用半环。

```
generic <someADT T)>;
procedure extracost (s,c:elem;a:array [0..m,elem]));
where (Semi-ring(T(elem,⊕,⊙)));
begin
    { PI. s= extracost(a[0:m]) ∧c= extraspcost(m) ∧ 0≤m≤ n}
    do m≠n → c:= ⊕(c⊙cost(m,m), cost(m,m));
    s:= ⊕(s, c);
    m:=m+1;
    od;
end;
```

extracost 泛型过程的泛型参数为一个抽象数据类型参数 *T*，其中 *T* 必须符合 Semi-ring 半环约束，where (Semi-ring(*T*(elem,⊕,⊙)))为约束调用语句。

(3) 约束例化。所有满足半环约束的实例化抽象数据类型均可以实例化上述泛型极值类过程。

4.4.5 泛型中缀表达式求值算法

(1) 后序遍历类操作约束定义：

```
define constraint PostOrder;
    generic <someop⊙(value T:btree(char); value result
    X:list(bnode(char)))>;
    |[in T:btree(char); out X:list(bnode(char))]|
    AQ: 给定二叉树 T;
    AR:
                 ┌[],                            T=%
    Post(T)=    ┤
                 └Post(T.l)↑Post(T.r)↑[T.n],   T≠%
```

```
  X=Post(T);
enddef;
```

(2) 约束调用后序遍历类操作：

```
/*设 T 是一棵整型中缀表达式二叉树，函数 InfixExpression 的功能是
  计算二叉树 T 的值*/
generic <someop⊙(value T:btree(char); value result X:list
(bnode(char)))>;
function InfixExpression (value T:btree(char)): integer;
where (Postorder(⊙(T,X)));
var
   X:list(bnode(char);
   c:bnode(char);
   q:list(bnode(integer));
   op1,op2,result:bnode(integer);
begin
  ⊙(T,X);
  q:=[];
  do ┐(X=[]) → c,X:=X[X.h],X[X.h+1..X.r];
  if c.n= '+'→ op1,q,op2,q,result.n,q:=q[q.r],q[q.h..q.r-1],
     q[q.r],q[q.h..q.r-1],op1.n+op2.n,q↑[result.n];
    []c.n='-'→op1,q,op2,q,result.n,q:=q[q.r],q[q.h..q.r-1],
     q[q.r],q[q.h..q.r-1],op1.n-op2.n,q↑[re sult.n];
    []c.n='*'→op1,q,op2,q,result.n,q:=q[q.r],q[q.h..q.r-1],
     q[q.r],q[q.h..q.r-1],op1.n*op2.n,q↑[re sult.n];
    []c.n='/'→op1,q,op2,q,result.n,q:=q[q.r],q[q.h..q.r-1],
     q[q.r],q[q.h..q.r-1],op1.n/op2.n,q↑[re sult.n];
    []→result.n,q:=c-'0',q↑[result.n];
    fi;
    od;
    InfixExpression:=result.n;
end;
```

中缀表达式求值算法的前提条件是对中缀表达式二叉树进行后序遍历，因此泛型操作“someop⊙(value *T*:btree(char); value result *X*:list(bnode(char)))”必须要对

二叉树 T 进行后序遍历，遍历结果存放在序列 X 中。只有符合后序遍历类操作约束的具体操作才可以实例化泛型操作⊙。

(3) 约束例化：

```
//后序遍历二叉树非递归算法
procedure postorder(T:btree(char);var X:list(bnode(char)));
var q:btree(char);s:list(btree(char));
begin
  S,X,q:=[],[],T;
  {ρ:Post(T)=X↑Post(q)↑F(S)}
  do ┐(q=%) →  S,q:=[q]↑S,q.l;
  []q=% ∧ ┐(S=[])  →  if(S[S.h].r=%)→S,X:=S[S.h+1..S.t],
  X↑[S [S.h].n];
  []┐(S[S.h].r=%)→q,S:= S[S.h].r,[S[S.h].n]↑S[S.h+1..S.t];
  fi;
  od;
end;
//后序遍历二叉树递归算法
procedure postorder-recur(T:btree(char);var X:list(bnode
(char)));
var q:btree(char);s:list(btree(char));
begin
  X:=[];
  postorder-recur(T.l, X);
  postorder-recur(T.r, X);
   X:=X↑[T.n];
end;
```

后序遍历二叉树的递归和非递归算法均符合后序遍历类操作约束定义，即后序遍历类操作的前置断言和后置断言，证明过程见 5.2.3 节。因此，下列实例化语句均是合法的：

```
procedure nonrecur_InfixExpression: new InfixExpression
( instantiation PostOrder(postorder));
procedure recur_InfixExpression: new InfixExpression
( instantiation PostOrder(postorder-recur));
```

第 5 章　约束匹配检测及验证

在约束例化阶段，基于约束用具体类型和具体操作将泛型参数实例化，其中要求实例化参数必须满足约束需求，约束匹配就是对这一过程进行匹配检查。本章将约束匹配分为两部分：约束匹配检测和约束匹配验证。其中约束匹配检测判定形式参数和实例化参数是否满足约束的语法需求，此过程可以基于分划递推平台完全自动完成；而约束匹配验证则是判定实例化参数是否满足约束的语义需求，此过程为部分自动化，需要手工推演出可验证的谓词逻辑公式，并验证其正确性，部分逻辑公式也可以借助 Isabelle 定理证明器进行验证。约束匹配检测包括形式类型参数检测、实例参数语法检测；约束匹配验证包括实例类型参数语义验证和实例操作参数语义验证。对于类型约束主要采用的是形式类型参数检测和实例参数语法检测的技术和实例类型参数语义验证的理论来判定实例类型是否匹配类型约束；对于操作约束主要采用实例参数语法检测的技术和实例操作参数语义验证理论来判定实例操作是否匹配操作约束，如图 5-1 所示。

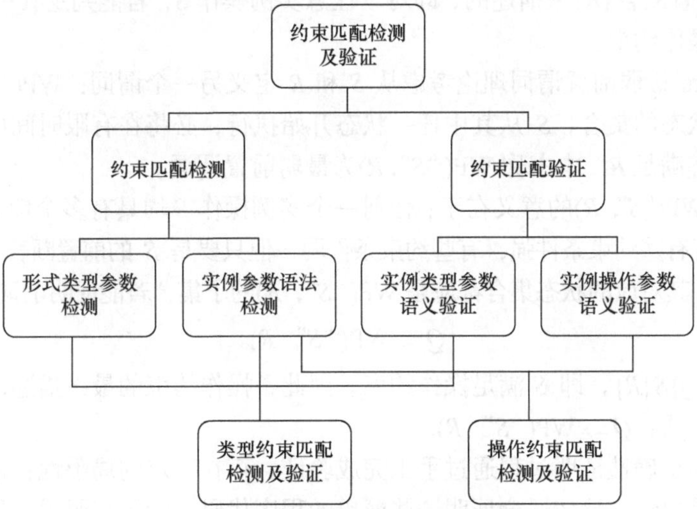

图 5-1　约束匹配检测及验证模型

5.1　约束匹配检测

泛型过程或函数的过程体和函数体的语法描述如下：

<过程体>|<函数体>::=[<常量说明>][<类型说明>][<变量说明>][<过程说明>][<函数说明>]"begin"<复合语句>"end;"

<复合语句>　　　::=<语句>{<语句>}

泛型过程或函数的过程体和函数体的语句由各类表达式构成，在这些表达式中，本书把它们分为依赖性表达式和非依赖性表达式，其中依赖性表达式是包含泛型参数的表达式，非依赖性表达式则与泛型参数无关。在形式参数检测中，本书只需检测依赖性表达式是否符合约束需求即可。

约束匹配检测包括形式类型参数检测、实例参数语法检测，可以在分划递推平台中完全自动完成，具体检测算法见第 6 章平台实现部分。

5.2　约束匹配验证

5.2.1　实例操作参数语义验证

实例操作参数语义验证基于 Dijkstra 最弱前置谓词验证理论，借助 Isabelle 定理证明器，可验证实例操作参数是否匹配操作约束。

设 Q 表示操作的前置断言，R 表示操作的后置断言，操作约束就是由前置断言 $\{Q\}$ 和后置断言 $\{R\}$ 来描述的，即对于任意实例操作 S，若能判定 $\{Q\}S\{R\}$ 成立，则 S 满足操作约束。

Dijkstra 最弱前置谓词理论考虑从 S 和 R 定义另一个谓词：WP(“S”, R)，它表示所有状态的集合，S 从其中任一状态开始执行，必将在有限时间内终止，终止时的状态满足 R。本书称 WP(“S”, R)为最弱前置谓词。

求解 WP(“S”, R)的意义在于：任何一个实例操作 S 均具有多个前置断言，这些前置断言有些约束条件强，有些约束条件弱，但只要是 S 的前置断言，无论约束条件强弱，其对应的状态集合都应是 WP(“S”, R)的子集，若能证明谓词逻辑公式：

$$Q \Rightarrow \mathrm{WP}(\text{“}S\text{”},\ R)$$

则能断定 $\{Q\}S\{R\}$，即 S 满足操作约束。因此，操作约束的最终描述形式即一个谓词逻辑公式：$Q \Rightarrow$ WP(“S”, R)。

传统的正确性证明过程通过手工完成验证，存在一定的局限性：证明过程冗长烦琐，易出错，比较适合证明一些简单的程序代码。为了克服手工形式化验证方法的缺点，可以利用定理证明器，从而实现算法程序正确性证明过程的部分自动化。

交互式定理证明系统即 Isabelle 定理证明器需要在用户的帮助下构造定理的证明。在证明定理的过程中，用户给出一条规则(或策略)，然后机器执行一步(或多步)推理，如此反复。对于操作约束的匹配验证，本书选择 Dijkstra 最弱前置谓词法，把 $Q\Rightarrow$ WP(“S”, R)抽象描述成 Isabelle 定理证明器能够识别的一个定理，并对其进行证明。

基于 Dijkstra 最弱前置谓词方法，借助 Isabelle 定理证明器，本节给出实例操作约束匹配验证的验证流程。

第 1 步：创建理论文件“*.thy”，并选择合适的父理论。

根据需要验证的具体操作，使用 imports 命令选择合适的父理论；其中最常用的是 Main 理论，它包含了所有预定义的基本理论(如 arithmetic、lists、sets 等)，Main 理论是所有理论文件的直接或间接父理论。

第 2 步：在声明部分(declarations)定义相关的数据类型和数据结构。

如果 Isabelle 定理证明器中不存在待验证具体操作的数据类型和结构，那么用户可以在声明部分自定义数据类型；Isabelle/HOL 中提供了自定义数据类型的功能，其定义数据类型的格式为

$$\text{datatype}(a_1,\cdots,a_n)t = C_1,\tau_{11},\cdots,\tau_{1k1}\mid C_m,\tau_{m1},\cdots,\tau_{mkm}$$

其中，a_i是唯一的类型变量；C_i是唯一的构造器；τ_{ij} 表示类型。

例如，自定义汉诺塔算法程序中的塔类型：datatype peg = $A \mid B \mid C$。

自定义二叉树类型：datatype *'a* BTree = Tnull | BT "*'a* BTree" *'a* "*'a* BTree"。

第 3 步：描述操作约束的形式规约(前置断言 Q 和后置断言 R)。

第 4 步：若待验证具体操作中含有循环语句，则根据分划递推法中循环不变式的新定义和循环不变式开发的新策略，构造出循环不变式ρ和界函数τ，并设计算法程序。

第 5 步：用户可以根据需要在定义部分定义相关函数。

Isabelle 定理证明器中提供了定义递归函数的功能，为每个递归函数提供了定制的归纳规则，这些规则和递归定义中的组织结构一致，可以用两种方式实现：fun 命令和 function 命令。两者的区别在于 Isabelle 定理证明器能够自动验证 fun 命令中等式(equation)的正确性，当证明失败时，这个定义也就不成立，这样就会导致定义本身的不完善性和不够灵活；function 命令弥补了 fun 命令的不足，使得等式的证明任务可以手工进行分析和解答，选项 sequential 的作用是表示可以进行预处理模式重叠，若没有 sequential，则所有的等式必须是不相交的。function 命令定义必须满足两个主要性质：完整性和终止性。其中“by pat_completeness auto”用于证明完整性；而“termination by lexicographic_order”表示递归函数的终止性。

第 6 步：在证明部分(proof)验证实例操作中语句的正确性。

(1) 如果程序中有赋值语句“$x := e$”，其中 x 为简单变量，e 为同类型的表达

式。该语句的作用是首先在当前状态下计算 e 的值,然后将该值放入 x 对应的单元中。为了证明$\{Q\}\ x:=e\ \{R\}$的正确性，需要证明如下定理：$Q \Longrightarrow$ WP(“x:=e”, R)。

(2) 如果程序中有多重赋值语句 $x_1, x_2, \cdots, x_n := e_1, e_2, \cdots, e_n$，其中 $x_i(i = 1, 2, \cdots, n)$可以是简单变量，也可以是下标变量，$e_i(i = 1, 2, \cdots, n)$应为与 $x_i(i = 1, 2, \cdots, n)$同类型的表达式。多重赋值语句的语义为：首先在当前状态下分别计算 $e_1, e_2, \cdots, e_n$ 的值，然后同时将 e_i 的值赋给 x_i。若用 $\overline{x}$ 代表 $x_1, x_2, \cdots, x_n$，$\overline{e}$ 代表 $e_1, e_2, \cdots, e_n$，则需要证明如下定理：$Q \Longrightarrow$ WP(“$\overline{x}:=\overline{e}$”, R)。

(3) 如果程序中有两个语句 S_1 和 S_2 构成的复合语句，即“S_1：S_2”，由于复合语句是顺序执行的，只要首先根据 S_2 的后置断言 R，求 S_2 的最弱前置谓词，再以此结果作为 S_1 的后置断言，求 S_1 的最弱前置谓词即可。于是复合语句的 WP 语义定义如下：

$$\text{WP}(“S_1 : S_2”, R) = \text{WP}(“S_1”, \text{WP}(“S_2”, R))$$

为了证明“$\{Q\}\ S_1;\ S_2\ \{R\}$”的正确性，需要证明如下定理：$Q \Longrightarrow$ WP(“S_1”, WP(“S_2”, R))，由多个语句构成的复合语句可以模仿上述情况类推。

(4) 如果程序中有条件语句 if，为了证明$\{Q\}$ if $\{R\}$的正确性，需要证明如下定理：$Q \Longrightarrow$ WP(“if”, R)

假设用 Guard 表示以下析取式：

$$\text{Guard}=c_1 \vee c_2 \vee \cdots \vee c_n$$

$$\text{WP}(“\text{if}”, R) = \text{domain(Guard)} \wedge \text{Guard} \wedge c_1 \Longrightarrow \text{WP}(“S_1”, R) \wedge c_2 \Longrightarrow \text{WP}(“S_2”, R) \wedge \cdots \wedge c_n \Longrightarrow \text{WP}(“S_n”, R)$$

(5) 如果程序中有循环语句 do，为了证明$\{Q\}$do$\{R\}$的正确性，把 Dijkstra 最弱前置谓词法中证明循环语句的五个蕴含表达式分别描述成 Isabelle 定理证明器能够识别的五个定理：

$$\text{Theorem-WP1: } Q \Longrightarrow \rho$$

$$\text{Theorem-WP2: } \rho \wedge c_i \Longrightarrow \text{WP}(“S_i”, \rho),\quad 1 \leqslant i \leqslant n$$

$$\text{Theorem-WP3: } \rho \wedge \neg\, \text{Guard} \Longrightarrow R$$

$$\text{Theorem-WP4: } \rho \wedge \text{Guard} \Longrightarrow \tau > 0$$

$$\text{Theorem-WP5: } \rho \wedge c_i \Longrightarrow \text{WP}(“\tau_1 := \tau ; S_i”, \tau < \tau_1),\quad 1 \leqslant i \leqslant n$$

假设程序规约本身是正确的，循环不变式也是正确的，通过证明上面五个定理可以说明开发的算法程序中的 do 语句的正确性。

在循环语句 do 的证明过程中,循环不变式的开发是进行程序形式化推导和正确性证明的关键技术，也是算法程序设计领域中最具有创造性的劳动之一。本书提出了循环不变式的新定义和新开发策略，使得此难点和关键点有所突破。

循环不变式一般认为是“一个在循环的每次执行前后均为真的谓词[62]”。Gries 根据气球原理通过弱化后置断言给出了开发简单算法程序循环不变式的四种标准策略[63]。文献[64]提出了循环不变式的新定义和开发循环不变式的新策略。

循环不变式的新定义：

定义 5-1　给定循环语句 do 及其所有循环变量的集合 A，一个反映 A 中每个元素的变化规律且在每次循环体 S 执行前后均为真的谓词称为循环语句 do 的循环不变式。

对于上述定义中出现的循环变量给出以下定义：

定义 5-2　在循环体中，其值随着循环体的执行不断发生变化的变量称为循环变量。

循环不变式新策略：

策略 5-1(适用于现存的算法程序)　以循环程序正确性验证条件为基准，考察循环初始条件及循环结束所得的信息，分析程序所解问题的实际背景、数学性质和程序特征，通过归纳推理找出所有循环变量的变化规律，即所求循环不变式。

策略 5-2(适用于待开发的算法程序)　考察被求解问题的实际背景(主要由前置断言、后置断言刻画)和相关数学性质，利用行之有效的算法设计方法确定解问题的总策略(在很多情况下是确定问题求解序列的递推关系)和所需的全部循环变量，用谓词精确表达它们的变化规律，即得所求的循环不变式。若递推关系中子解数超过 1，则还必须引进一个起堆栈作用的序列变量，递归定义序列中的内容。

5.2.2　实例类型参数语义验证

1. 传统数据类型约束验证

传统数据类型约束验证借助 Isabelle 定理证明器，可验证实例类型是否匹配类型约束。

图 5-2 给出了验证过程，判定算法如下：

(1) 用实例类型替换类型约束定义中的泛型参数表、关联类型和关联操作等，并据此进一步生成实例约束精化关系、实例关联约束和实例约束体。

(2) 基于类型约束定义中的约束精化关系，将实例约束精化和实例关联约束进一步展开成新的实例约束精化、实例关联约束和实例约束体。

(3) 判断是否还存在未展开的实例约束精化和实例关联约束。

(3.1) 若存在，则继续展开，直到不能展开为止，即展开的实例约束精化和实例关联约束均为实例约束体。

(3.2) 若已不存在未展开的实例约束精化和实例关联约束，则执行步骤(4)。

(4) 所有展开的实例约束体即谓词逻辑公式，利用谓词逻辑变换规则可以对已得到的谓词逻辑公式进行化简和分化，得到 Isar 证明脚本。

(5) 用 Isabelle 定理证明器判定 Isar 证明脚本是否可验证。

(6) 若验证合法，则检测通过，否则提示错误信息。

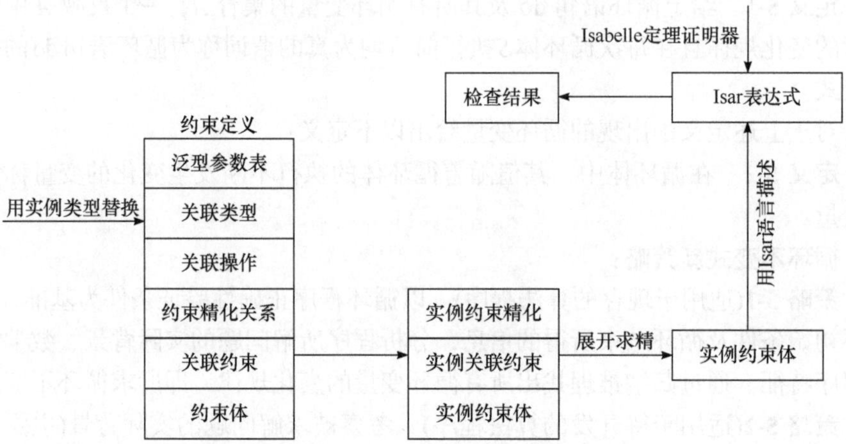

图 5-2　实例类型参数语义验证

2. 标准数据类型约束验证

4.2.3 节提出了使用代数结构规范刻画一簇代数系统的基本属性，而一个代数系统可以为一具体的标准数据类型系统，它由对象集和对象间的函数映射构成。一个代数系统满足代数结构规范说明，是指对代数结构规范说明中的任一等式，无论其中的变量取域中何值，该等式在此代数系统中均成立。此时，称这个代数系统为该规范说明的一个模型，往往有许多不同的模型满足同一规范说明，这些不同模型间存在着同态映射关系[56]。因此，若已知一个模型 A 满足代数结构规范说明，则模型 A 的同态像均可以保证满足其代数结构规范说明，或者存在另一模型 B 与模型 A 有同态映射关系，则模型 B 也满足代数结构规范说明[56]。

定义 5-3　设 $\langle A,+\rangle$ 和 $\langle B,*\rangle$ 是两个代数系统，“+”和“*”分别是 A 和 B 上的二元(n 元)运算，设 f 是从 A 到 B 的一个映射，使得对任意的 $a_1,a_2\in A$，有

$$f(a_1+a_2)=f(a_1)*f(a_2)$$

则称 f 为由 $\langle A,+\rangle$ 到 $\langle B,*\rangle$ 的一个同态映射，称 $\langle A,+\rangle$ 同态于 $\langle B,*\rangle$，记作 $A\sim B$。把 $\langle f(A),*\rangle$ 称为 $\langle A,+\rangle$ 的一个同态像。其中

$$f(A)=\{x\mid x=f(a),\quad a\in A\}\subseteq B$$

定义 5-4　设 $\langle A,+,*\rangle$ 和 $\langle B,\oplus,\odot\rangle$ 是两个代数系统，f 是从 A 到 B 的一个映射，满足如下条件：

对任意的 $a, b \in A$，有

$$f(a+b)=f(a) \oplus f(b)$$

$$f(a*b)=f(a) \odot f(b)$$

则称 f 为由 $\langle A,+,*\rangle$ 到 $\langle B,\oplus,\odot\rangle$ 的一个同态映射，称 $\langle A,+,*\rangle$ 同态于 $\langle B,\oplus,\odot\rangle$，记作 $A \sim B$。把 $\langle f(A),\oplus,\odot\rangle$ 称为 $\langle A,+,*\rangle$ 的一个同态像。

定义 5-5　设 $\langle A, f_1,\cdots,f_m, a_1,\cdots,a_k\rangle$、$\langle B, g_1,\cdots,g_m, b_1,\cdots,b_k\rangle$ 是两个同类的代数系统，σ 是 A 到 B 的映射。如果：

(1) 任给 $1 \leqslant i \leqslant m$，$(\forall x_1,\cdots,x_n \in B)(\sigma(f_i(x_1,\cdots,x_{ni}))=g_i(\sigma(x_1),\cdots,\sigma(x_{ni})))$。

(2) 任给 $1 \leqslant j \leqslant k$，$\sigma(a_j)=b_j$，则称 σ 是 $\langle A, f_1,\cdots,f_m, a_1,\cdots,a_k\rangle$ 到 $\langle B, g_1,\cdots,g_m, b_1,\cdots,b_k\rangle$ 的同态映射，称 $\langle B, g_1,\cdots,g_m, b_1,\cdots,b_k\rangle$ 同态于 $\langle A, f_1,\cdots,f_m, a_1,\cdots,a_k\rangle$，记作 $A \sim B$。把 $\langle\sigma(A), g_1,\cdots,g_m, b_1,\cdots,b_k\rangle$ 称为 $\langle A, f_1,\cdots,f_m, a_1,\cdots,a_k\rangle$ 的一个同态像。

定理 5-1　设 f 是代数系统 $\langle A,+\rangle$ 到代数系统 $\langle B,*\rangle$ 的同态映射：

(1) 如果 $\langle A,+\rangle$ 是半群，那么在 f 的作用下，同态像 $\langle f(A),*\rangle$ 也是半群。

(2) 如果 $\langle A,+\rangle$ 是独异点，那么在 f 的作用下，同态像 $\langle f(A),*\rangle$ 也是独异点。

(3) 如果 $\langle A,+\rangle$ 是群，那么在 f 的作用下，同态像 $\langle f(A),*\rangle$ 也是群。

证明　(1)设 $\langle A,+\rangle$ 是半群，且 $\langle B,*\rangle$ 是一个代数系统，如果 f 是由 $\langle A,+\rangle$ 到 $\langle B,*\rangle$ 的一个同态映射，则 $f(A) \subseteq B$。

对于任意的 $a,b \in f(A)$，必有 $x,y \in A$，使得

$$f(x)=a, \quad f(y)=b$$

在 A 中，必有 $z=x+y$，所以

$$a*b=f(x)*f(y)=f(x+y)=f(z) \in f(A)$$

最后，$*$在 $f(A)$上是可结合的，所以

$$\begin{aligned} a*(b*c) &= f(x)*(f(y)*f(z))=f(x)*f(y+z)=f(x+(y+z))=f((x+y)+z) \\ &= f(x+y)*f(z)=(f(x)*f(y))*f(z) \\ &= (a*b)*c \end{aligned}$$

因此，$\langle f(A),*\rangle$ 是半群。

(2) 设 $\langle A,+\rangle$ 是独异点，e 是 A 中的幺元，那么 $f(e)$是 $f(A)$中的幺元。这是因为对于任意的 $a \in f(A)$，必有 $x \in A$，使得

$$f(x)=a$$

所以有

$$a*f(e)=f(x)*f(e)=f(x+e)=f(x)=a=f(e+x)=f(e)*f(x)=f(e)*a$$

因此，$\langle f(A),*\rangle$ 是独异点。

(3) 设 $\langle A,+\rangle$ 是群，对于任意的 $a\in f(A)$，必有 $x\in A$，使得

$$f(x)=a$$

因为 $\langle A,+\rangle$ 是群，故 x 有逆元 x^{-1}，且 $f(x^{-1})\in f(A)$，而

$$f(x)*f(x^{-1})=f(x+x^{-1})=f(e)=f(x^{-1}+x)=f(x^{-1})*f(x)$$

所以，$f(x^{-1})$是 $f(x)$的逆元，即 $f(x^{-1})=f(x)^{-1}$，因此，$\langle f(A),*\rangle$ 是群。

定理 5-2 设 f 是代数系统 $\langle A,+,*\rangle$ 到代数系统 $\langle B,\oplus,\odot\rangle$ 的一个同态映射。如果 $\langle A,+,*\rangle$ 是环，且 $\langle B,\oplus,\odot\rangle$ 是关于同态映射 f 的同态像，那么 $\langle B,\oplus,\odot\rangle$ 也是一个环。

证明 由于 $\langle A,+\rangle$ 是阿贝尔群，$\langle A,*\rangle$ 是半群，依据定理 5-1，容易证明 $\langle B,\oplus\rangle$ 也是阿贝尔群，$\langle B,\odot\rangle$ 也是半群。

对于任意的 $b_1,b_2,b_3\in B$，必有相应的 a_1，a_2，a_3，使得

$$f(a_i)=b_i,\quad i=1,2,3$$

于是

$$\begin{aligned}b_1\odot(b_2\oplus b_3)&=f(a_1)\odot(f(a_2)\oplus f(a_3))\\&=f(a_1)\odot f(a_2+a_3)=f(a_1*(a_2+a_3))=f((a_1*a_2)+(a_1*a_3))\\&=f(a_1*a_2)\oplus f(a_1*a_3)=(f(a_1)\odot f(a_2))\oplus(f(a_1)\odot f(a_3))\\&=(b_1\odot b_2)\oplus(b_1\odot b_3)\end{aligned}$$

同理可证 $(b_2\oplus b_3)\odot b_1=(b_2\odot b_1)\oplus(b_3\odot b_1)$。

因此，$\langle B,\oplus,\odot\rangle$ 也是一个环。

5.2.3 约束匹配验证实例

1. 验证闭半环约束

4.4.1 节给出了泛型 Kleene 算法的完整实例，本节给出此例的约束匹配验证过程，即验证约束例化操作符合闭半环约束定义。

(1) 用实例化抽象数据类型(integer;min;+)、(boolean;∨;∧)和(integer;max;min)替换闭半环约束定义中的泛型参数表。

(2) 用实例化类型替换后，将闭半环约束展开成约束例化展开式 1～3，如下所示。

约束例化展开式 1 实例约束精化 R1{Basetype(integer),Basebinaryop(min), Basebinaryop(+), Semi-ring(integer;min;+)}和实例约束体 A1：

$$\begin{aligned}\forall(x,y:\overline{x},\overline{y}=\text{integer};\overline{a[x]},\overline{a[y]}=\text{integer}:&\left(\bigoplus_{x=0}^{\infty}\min\right)a[x]+\left(\bigoplus_{y=0}^{\infty}\min\right)b[y]\\&=\left(\bigoplus_{x,y=0}^{\infty}\min\right)(a[x]+b[y]))\end{aligned}$$

约束例化展开式 2　实例约束精化 R2{Basetype(boolean), Basebinaryop(∨), Basebinaryop(∧), Semi-ring(boolean; ∨ ; ∧)}和实例约束体 A2：

$$\forall(x,y:\overline{x},\overline{y}=\text{integer};\overline{a[x]},\overline{a[y]}=\text{boolean}:\left(\bigoplus_{x=0}^{\infty}\vee\right)a[x]\wedge\left(\bigoplus_{y=0}^{\infty}\vee\right)b[y]$$

$$=\left(\bigoplus_{x,y=0}^{\infty}\vee\right)(a[x]\wedge b[y]))$$

约束例化展开式 3　实例约束精化 R3{Basetype(integer), Basebinaryop(max), Basebinaryop(min), Semi-ring(integer;max;min)}和实例约束体 A3：

$$\forall(x,y:\overline{x},\overline{y}=\text{integer};\overline{a[x]},\overline{a[y]}=\text{integer}:\left(\bigoplus_{x=0}^{\infty}\max\right)a[x]\min\left(\bigoplus_{y=0}^{\infty}\max\right)b[y]$$

$$=\left(\bigoplus_{x,y=0}^{\infty}\max\right)(a[x]\min b[y]))$$

将实例约束精化 R1、R2 和 R3 分别展开，以展开 R1 为例。R1 展开可得到 4 个实例约束精化，即 Semi-ring(integer;min;+)、Basetype(integer)、Basebinaryop (min)、Basebinaryop(+)，以及 1 个实例约束体 A1。将此 4 个实例约束精化继续展开，以 Semi-ring (integer;min;+)的展开过程为例，其展开过程如图 5-3 所示，最终得到的所有实例约束体为 B1～B8，如下所示。Basetype(integer)、Basebinaryop(min)和 Basebinaryop(+)的展开过程略。

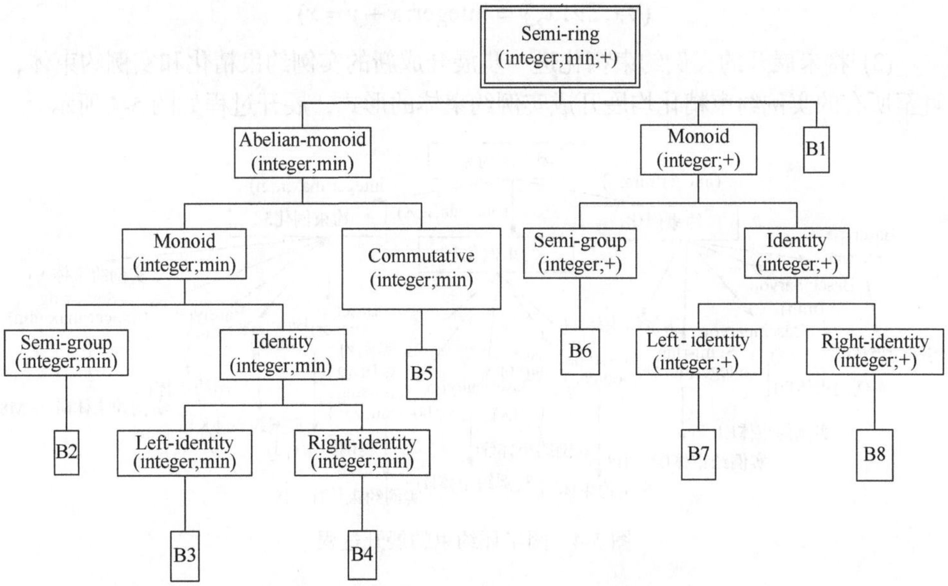

图 5-3　Semi-ring (integer;min;+)的展开过程

B1：

$$\forall(x,y,z:\overline{x},\overline{y},\overline{z}=\text{integer}: x+(\min(y,z))=\min((x+y),(x+z))\wedge(\min(y,z))+x=\min((y+x),(z+x)))$$

B2：

$$\forall(x,y,z:\overline{x},\overline{y},\overline{z}=\text{integer}: \min(\min(x,y),z)=\min(x,\min(y,z)))$$

B3：

$$(\forall x,\exists y:\overline{x},\overline{y}=\text{integer}: \min(y,x)=x)$$

B4：

$$(\forall x,\exists y:\overline{x},\overline{y}=\text{integer}: \min(x,y)=x)$$

B5：

$$\forall(x,y:\overline{x},\overline{y}=\text{integer}: \min(x,y)=\min(y,x))$$

B6：

$$\forall(x,y,z:\overline{x},\overline{y},\overline{z}=\text{integer}: (x+y)+z=x+(y+z))$$

B7：

$$(\forall x,\exists y:\overline{x},\overline{y}=\text{integer}: y+x=x)$$

B8：

$$(\forall x,\exists y:\overline{x},\overline{y}=\text{integer}: x+y=x)$$

(3) 将未展开的实例约束精化进一步展开成新的实例约束精化和实例约束体，直至所有的实例约束精化均展开成实例约束体的形式，展开过程如图 5-4 所示。

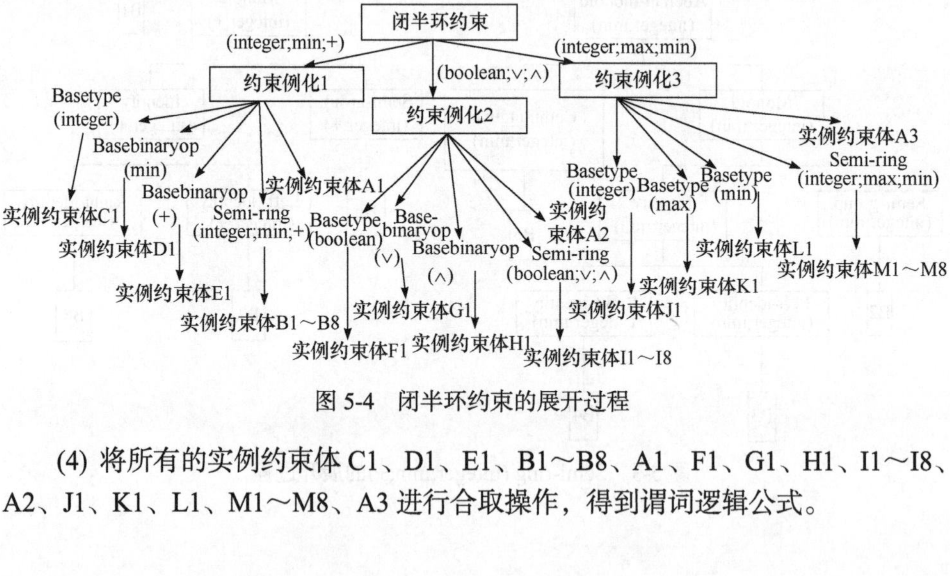

图 5-4　闭半环约束的展开过程

(4) 将所有的实例约束体 C1、D1、E1、B1～B8、A1、F1、G1、H1、I1～I8、A2、J1、K1、L1、M1～M8、A3 进行合取操作，得到谓词逻辑公式。

(5) 将谓词逻辑公式用 Isar 语言描述，得到 Isar 证明脚本，借助 Isabelle 定理证明器可判定所有 Isar 证明脚本是成立的。限于篇幅，下面给出实例约束体 B1～B8 及 A1 的 Isabelle 证明过程及结果。

实例约束体 B1～B8 的 Isabelle 证明过程及结果如下：

```
imports Main
begin
(*--------Min_b: comparison of two numbers------------*)
fun Min_b :: ''nat ⇒ nat ⇒ nat''
where
''Min_b i j = (if(i<j))then i else j)''

Lemma B1 [simp]:''(x::nat)+(Min_b(y::nat)(z::nat))=Min_b
(x+y)(x+z) ∧ (Min_b(y::nat)(z::nat))+(x::nat)=Min_b(y+x)
(z+x)''
apply auto
done

lemma  B2  [simp]:''Min_b(Min_b(x::nat)(y::nat))(z:nat)=
Min_b x(Min_by z)''
apply auto
done

lemma B3 [simp]:''∃ (y::nat). Min_b y(x::nat)=x''
apply auto
done

lemma B4 [simp]:''∃ (y::nat). Min_b(x::nat)y=x''
apply auto
done

lemma B5 [simp]:'' Min_b(x::nat)(y::nat)= Min_b y x''
apply auto
done

lemma B6 [simp]:''((x::nat)+(y::nat))+(z:nat)= x+(y + z)''
```

```
apply auto
done

lemma B6 [simp]:''((x::nat)+(y::nat))+(z:nat)= x+(y + z)''
apply auto
done

lemma B7 :''∃ (y::nat). y +(x::nat)= x''
apply simp
done

lemma B8 :''∃ (y::nat). (x::nat)+ y = x''
apply auto
done

end
```

实例约束体 A1 的 Isabelle 证明过程及结果如下：

```
imports Main
begin

fun add_set :: ''nat set ⇒ nat ⇒ nat set''where
''add_set A x = {x + m / m. m ∈ A}''

fun di_set ::''nat set ⇒ nat set⇒ nat set''where
''di_set A B = (U n ∈ B. (add_set A n))''

lemma add0 [simp]: ''((finite A)∧(A≠{})) ⇒ (x::nat) +
(Min(A::nat set))
=(Min(di_set A{x::nat}))''
apply simp
apply(rule add_Min_commute)
(*--add_Min_commute:[finite ?N;?N ≠ {}] ⇒ ?k + Min ?N =
Min {?k + m/m.m ∈ ?N}--*)
apply auto
```

```
done
lemma add1 [simp]: ''((finite A) ∧ (A≠{})) ⇒Min(x::nat)+
(Min(A::nat set))
=(Min(di_set A{x::nat}))''
apply simp
done

lemma add_finite [simp]: ''finite A ⇒ finite{x+m/m.m∈A}''
proof-assume f: ''finite A''
  have id: ''{x + m / m. m ∈ A} = (lm. x + m) ‘A''by auto
  from finite_imageI[OF f]
  show ?thesis unfolding id.qed

lemma add_finite_noempty [simp]: ''finite A ∧ A ≠ {} ⇒
finite{x + m /m.m ∈ A)''
apply(rule add_finite)
apply simp
done

lemma add2_sepration [simp]: ''finite A ∧ A≠{} ⇒ Min({x
+ m /m. m ∈A}U {y + m /m. m ∈ A})= min(Min{x+m /m. m ∈
A})(Min{y + m /m. m} ∈A})''
apply(rule Min_Un)
(*--Min_Un:[finite ?A;?A ≠ {};finite ?B;?B ≠ {}] ⇒ Min
(?A U ?B)=min(Min ?A)(Min ?B)--*)
apply(rule add_finite_noempty)
apply simp

apply simp
apply(rule add_finite_noempty)
apply simp
apply simp
done

lemma add2_equal1 [simp]: ''finite A ∧ A≠{} ⇒ Min({x +
```

```
m /m. m ∈ A}U{y + m /m. m ∈ A})= Min{min x y+m /m. m ∈ A}''
 apply

 lemma add2_equal [simp]: ''finite A ∧ A≠{} ⇒ (min x y}
 + (Min(A::nat set))= Min{min x y+m /m. m ∈ A}''
 apply simp
 done

 lemma add2_equal0 [simp]:''(min x y) = Min{x, y}''
 apply simp
 done

 lemma add2_equal1 [simp]: ''finite A ∧ A ≠ {} ⇒
 Min({(x::nat)+ m /m.m ∈ A}U {(y::nat) + m /m. m ∈ A})=
 Min{min x y+m /m. m ∈ A}''
 apply simp

 apply(simp only:add_finite_noempty)
 done
```

(6) 将抽象数据类型(integer;min;+)转换为与其同构的代数系统 $A\langle I,\min,+\rangle$，给出其代数系统规范描述，见规范 5-1。通过步骤 1 到步骤 5 的验证过程，可得出代数系统 $A\langle I,\min,+\rangle$ 已满足闭半环约束的结论。

规范 5-1　代数系统 $A\langle I,\min,+\rangle$ 规范：

```
Theory A;
sorts:  integer;
opers:  min: integer×integer→integer;
        +: integer×integer→integer;
EndTheory;
```

(7) 将抽象数据类型(boolean;∨;∧)转换为与其同构的代数系统 $B\langle\{0,1\};\vee;\wedge\rangle$，给出其代数系统规范描述，见规范 5-2；将抽象数据类型(integer;max;min) 转换为与其同构的代数系统 $C\langle I,\max,\min\rangle$，见规范 5-3。同理，可证代数系统 $C\langle I,\max,\min\rangle$ 满足闭半环约束。

规范 5-2　代数系统 $B\langle\{0,1\};\vee;\wedge\rangle$ 规范：

```
Theory B;
sorts:  boolean;
opers:  ∨: boolean×boolean→boolean;
        ∧: boolean×boolean→boolean;
EndTheory;
```

规范 5-3　代数系统 $C\langle I,\max,\min\rangle$ 规范：

```
Theory C;
sorts:  integer;
opers:  max: integer×integer→integer;
        min: integer×integer→integer;
EndTheory;
```

定理 5-3　设 f 是代数系统 $\langle A,+,*\rangle$ 到代数系统 $\langle B,\oplus,\odot\rangle$ 的一个同态映射。如果 $\langle A,+,*\rangle$ 是半环，且 $\langle B,\oplus,\odot\rangle$ 是关于同态映射 f 的同态像，那么 $\langle B,\oplus,\odot\rangle$ 也是一个半环。

证明　由于 $\langle A,+\rangle$ 是阿贝尔独异点，$\langle A,*\rangle$ 是独异点，依据定理 5-1，容易证明 $\langle B,\oplus\rangle$ 也是阿贝尔独异点，$\langle B,\odot\rangle$ 也是独异点。

对于任意的 $b_1,b_2,b_3\in B$，必有相应的 a_1,a_2,a_3，使得

$$f(a_i)=b_i,\quad i=1,2,3$$

于是

$$\begin{aligned}b_1\odot(b_2\oplus b_3)&=f(a_1)\odot(f(a_2)\oplus f(a_3))\\&=f(a_1)\odot f(a_2+a_3)=f(a_1*(a_2+a_3))=f((a_1*a_2)+(a_1*a_3))\\&=f(a_1*a_2)\oplus f(a_1*a_3)=(f(a_1)\odot f(a_2))\oplus(f(a_1)\odot f(a_3))\\&=(b_1\odot b_2)\oplus(b_1\odot b_3)\end{aligned}$$

同理可证

$$(b_2\oplus b_3)\odot b_1=(b_2\odot b_1)\oplus(b_3\odot b_1)$$

因此，$\langle B,\oplus,\odot\rangle$ 也是一个半环。

定理 5-4　设 f 是代数系统 $\langle A,+,*\rangle$ 到代数系统 $\langle B,\oplus,\odot\rangle$ 的一个同态映射。如果 $\langle A,+,*\rangle$ 是闭半环，且 $\langle B,\oplus,\odot\rangle$ 是关于同态映射 f 的同态像，那么 $\langle B,\oplus,\odot\rangle$ 也是一个闭半环。

证明　由于 $\langle A,+,*\rangle$ 是闭半环，$\langle A,+,*\rangle$ 一定是半环。

再因为 $\langle B,\oplus,\odot\rangle$ 是关于同态映射 f 的同态像，依据定理 5-3，$\langle B,\oplus,\odot\rangle$ 也一定是一个半环。

对于任意的 $x_1, x_2,\cdots, x_\infty, y_1, y_2,\cdots, y_\infty \in B$，必有相应的 $a_1, a_2,\cdots, a_\infty, b_1, b_2,\cdots, b_\infty \in A$，使得

$$f(a_i)=x_i,\quad i=1,2,\cdots,\infty$$

$$f(b_j)=y_j,\quad j=1,2,\cdots,\infty$$

于是

$$\begin{aligned}\left(\bigoplus_{i=0}^{\infty}\right)x[i]\odot\left(\bigoplus_{j=0}^{\infty}\right)y[j]&=\left(\bigoplus_{i=0}^{\infty}\right)f(a[i])\odot\left(\bigoplus_{j=0}^{\infty}\right)f(b[j])\\&=(f(a[0])\oplus f(a[1])\oplus\cdots\oplus f(a[\infty]))\odot(f(b[0])\oplus f(b[1])\\&\quad\oplus\cdots\oplus f(b[\infty]))\\&=f(a[0]+a[1]+\cdots+a[\infty])\odot f(b[0]+b[1]+\cdots+b[\infty])\\&=f((a[0]+a[1]+\cdots+a[\infty])*(b[0]+b[1]+\cdots+b[\infty]))\\&=f\left(\sum_{i,j=0}^{\infty}(a[i]*b[j])=\left(\bigoplus_{i,j=0}^{\infty}\right)(x[i]\odot y[j])\right)\end{aligned}$$

因此，$\langle B,\oplus,\odot\rangle$ 也是一个闭半环。

(8) 代数系统 $B\langle\{0,1\};\vee;\wedge\rangle$ 与代数系统 $C\langle I,\max,\min\rangle$ 具有同态映射关系 $f{:}I\to\{0,1\}$，因此有

$$f(n)=\begin{cases}1, & n\geqslant 0, n\in I\\0, & n<0, n\in I\end{cases}$$

(9) 依据定理 5-4，可得到代数系统 $B\langle\{0,1\};\vee;\wedge\rangle$ 也满足闭半环约束。

(10) 综上所述，抽象数据类型(integer;min;+)、(integer;max;min)、$\langle\{0,1\};\vee;\wedge\rangle$ 均满足闭半环约束。

2. 验证排序类操作约束

4.4.2 节给出了泛型二分搜索算法的完整实例，本节给出此例的约束匹配验证过程，即验证冒泡排序符合排序类操作约束定义。

(1) 给出问题的前置断言 Q、后置断言 R、循环不变式 ρ 和界函数 τ:

{前置断言 Q：$n\geqslant 1$}

{后置断言 R：$(\forall w{:}1\leqslant w<n{:}a[w]\leqslant a[w+1])$}

因为 $a[1..n]$开始为无序，而最终要使 a 按升序排列，可以考虑在整个排序过程中始终把 a 分成两段：$a[1..i]$和 $a[i+1..n]$, $a[1..i]$中的元素尚未排好序，而 $a[i+1..n]$中的元素已按最后的结果排好序，这也就意味着 $a[1..i]$中的所有元素要小于

$a[i+1..n]$中的所有元素。即循环不变式ρ为

$$(\forall p,q{:}i+1\leqslant p<q\leqslant n{:}a[p]\leqslant a[q])\wedge(\forall p,q{:}1\leqslant p\leqslant i\wedge i+1\leqslant q\leqslant n{:}a[p]\leqslant a[q])\wedge 1\leqslant i\leqslant n$$

在排序过程中，$a[1..i]$所含元素应不断减少，$a[i+1..n]$所含元素应不断增加，即 i 应不断递减，因而τ取 i。

(2) 证明：$Q\Rightarrow \mathrm{WP}(S_0,\rho)$，其中 S_0: $i{:=}n$;

$$Q\Rightarrow \mathrm{WP}(S_0,\rho)\equiv n\geqslant 1\Rightarrow(\forall p,q{:}n+1\leqslant p<q\leqslant n{:}a[p]\leqslant a[q])\wedge(\forall p,q{:}1\leqslant p\leqslant i\wedge n+1\leqslant q \leqslant n{:}a[p]\leqslant a[q])\wedge 1\leqslant i\leqslant n\equiv \mathrm{True}$$

(3) 证明：$\rho\wedge\neg\,\mathrm{Guard}\Rightarrow R$，其中 Guard 为 $i>1$

$$\begin{aligned}\rho\wedge\neg\,\mathrm{Guard}\Rightarrow R\equiv&(\forall p,q{:}i+1\leqslant p<q\leqslant n{:}a[p]\leqslant a[q])\wedge(\forall p,q{:}1\leqslant p\leqslant i\wedge i+1\\&\leqslant q\leqslant n{:}a[p]\leqslant a[q])\wedge 1\leqslant i\leqslant n\wedge i\leqslant 1\\&\Rightarrow(\forall w{:}1\leqslant w<n{:}a[w]\leqslant a[w+1])\\\equiv&(\forall p,q{:}i+1\leqslant p<q\leqslant n{:}a[p]\leqslant a[q])\wedge(\forall p,q{:}1\leqslant p\leqslant i\wedge i+1\\&\leqslant q\leqslant n{:}a[p]\leqslant a[q])\wedge i=1\\&\Rightarrow(\forall w{:}1\leqslant w<n{:}a[w]\leqslant a[w+1])\\\equiv&(\forall p,q{:}2\leqslant p<q\leqslant n{:}a[p]\leqslant a[q])\wedge(\forall p,q{:}1\leqslant p\leqslant 1\wedge 2\leqslant q\\&\leqslant n{:}a[p]\leqslant a[q])\\&\Rightarrow(\forall w{:}1\leqslant w<n{:}a[w]\leqslant a[w+1])\\\equiv&(\forall p,q{:}2\leqslant p<q\leqslant n{:}a[p]\leqslant a[q])\wedge(\forall p,q{:}\ 2\leqslant q\leqslant n{:}a[1]\leqslant a[q])\\&\Rightarrow(\forall w{:}1\leqslant w<n{:}a[w]\leqslant a[w+1])\\\equiv&\mathrm{True}\end{aligned}$$

(4) 令 S_1 为

```
k:=1;
do k<i → if a[k]>a[k+1] →t:=a[k];a[k]:=a[k+1];a[k+1]:=t;    fi;
    k:=k+1;
od;
```

外层循环体 S 由 S_1 和 $i{:=}i-1$ 组成，由于τ为 i，显然循环过程中使τ递减。而 S_1 应满足：

$$\{\rho\wedge\mathrm{Guard}\}S_1\{\rho\}_{i-1}^{i}$$

其中，$\{\rho\}_{i-1}^{i}$表示ρ中的 i 用 $i-1$ 替换所得的结果，即

$$\begin{aligned}&\{(\forall p,q:i+1\leqslant p<q\leqslant n:a[p]\leqslant a[q])\wedge(\forall p,q:1\leqslant p\leqslant i\wedge i+1\\&\leqslant q\leqslant n:a[p]\leqslant a[q])\wedge 1\leqslant i\leqslant n\wedge i>1\}S_1\{(\forall p,q:i\leqslant p<q\leqslant n:a[p]\\&\leqslant a[q])\wedge(\forall p,q:1\leqslant p\leqslant i-1\wedge i\leqslant q\leqslant n:a[p]\leqslant a[p])\wedge 2\leqslant i\leqslant n+1\}\end{aligned}$$

从该断言可以看出 S_1 所实现的功能是将 $a[i]$这一元素从 $a[1..i]$移到 $a[i+1..n]$这一段，且仍要使这两段满足 ρ 所规定的特征。

(5) 仔细分析不难看出，S_1 要实现的功能是使 $a[i]$成为 $a[1..i]$中的最大元。下面证明 S_1 的正确性。

① 给出 S_1 的程序规范和循环不变式及界函数：

$$\{Q_1:\ i\geqslant 1\}$$

$$\{R_1:\ (\forall j{:}1\leqslant j\leqslant i{:}a[i]\geqslant a[j])\}$$

$$\{\rho_1:\ (\forall j{:}1\leqslant j\leqslant k{:}a[k]\geqslant a[j])\wedge 1\leqslant k\leqslant i\}$$

界函数$\tau_1{:}i-k+1$。

② 显然当 $k=1$ 时满足断言：

$$\{Q_1\}\ k{:=}1\ \{\rho_1\}$$

$$Q_1\Rightarrow \text{WP}(\text{“}k:=1\text{”},\rho_1)$$

$$\equiv i\geqslant 1\Rightarrow(\forall j:1\leqslant j\leqslant 1:a[1]\geqslant a[j])\wedge 1\leqslant 1\leqslant i$$

$$\equiv \text{True}$$

③ 证明：$\rho_1\wedge\neg B_1 \Longrightarrow R_1$(其中 $B_1\equiv k<i$，表示 S_1 的循环条件)

$$\rho_1\wedge\neg B_1 \Longrightarrow R_1$$

$$\equiv(\forall j{:}1\leqslant j\leqslant k{:}a[k]\geqslant a[j])\wedge 1\leqslant k\leqslant i\wedge k\geqslant I\Rightarrow(\forall j{:}1\leqslant j\leqslant i{:}a[i]\geqslant a[j])$$

$$\equiv(\forall j{:}1\leqslant j\leqslant i{:}a[i]\geqslant a[j])\Rightarrow(\forall j{:}1\leqslant j\leqslant i{:}a[i]\geqslant a[j])$$

$$\equiv \text{True}$$

④ 证明$\{\rho_1\wedge B_1\}S_{11}\{\rho_1\}$成立(其中 S_{11} 表示 S_1 的循环体)及界函数递减。根据上述分析，令 S_{12} 为

if $a[k]>a[k+1]$ then 交换 $a[k]$和 $a[k+1]$；fi;

S_{11} 由 S_{12} 和 $k{:=}k+1$ 组成，则 S_{12} 应满足：

$$\{\rho_1\wedge B_1\}S_{12}\{\rho_1\}_{k+1}^{k}$$

即

$$\{(\forall j:1\leqslant j\leqslant k:a[k]\geqslant a[j])\wedge 1\leqslant k\leqslant i\wedge k<i\}S_{12}$$

$$\{(\forall j:1\leqslant j\leqslant k+1:a[k+1]\geqslant a[j])\wedge 1\leqslant k+1\leqslant i\}$$

显然，ρ_1 在每次循环前后均为真，且界函数递减。

上例手工验证了冒泡排序符合排序类操作约束定义，其中有些谓词逻辑公式可以采用 Isabelle 定理证明器交互式验证，验证过程略。

3. 验证后序遍历类操作约束

4.4.5 节给出了泛型中缀表达式求值算法的完整实例，本节给出此例的约束匹

配验证过程，即验证后序遍历二叉树非递归算法符合后序遍历类操作约束定义。

1) 构造循环不变式

根据后序遍历二叉树的定义，如果 $T=\%$，则有

$$\mathrm{Post}(\%)=[] \tag{5.1}$$

若 $T\neq\%$，则有

$$\mathrm{Post}(T)=\mathrm{Post}(T.l)\uparrow\mathrm{Post}(T.r)\uparrow[T.n] \tag{5.2}$$

基于式(5.1)和式(5.2)，很容易写出递归算法。为了得到一个非递归的算法程序，进行下列推导：

$$\begin{aligned}
&\mathrm{Post}(T)\\
&=\mathrm{Post}(T.l)\uparrow\mathrm{Post}(T.r)\uparrow[T.n]\\
&=\mathrm{Post}(T.l.l)\uparrow\mathrm{Post}(T.l.r)\uparrow[T.l.n]\uparrow\mathrm{Post}(T.r)\uparrow[T.n]\\
&=\mathrm{Post}(T.l.l.l)\uparrow\mathrm{Post}(T.l.l.r)\uparrow[T.l.l.n]\uparrow\mathrm{Post}(T.l.r)\uparrow[T.l.n]\uparrow\mathrm{Post}(T.r)\uparrow[T.n]\\
&=\mathrm{Post}(T.l.l.l.l)\uparrow\mathrm{Post}(T.l.l.l.r)\uparrow[T.l.l.l.n]\uparrow\mathrm{Post}(T.l.l.r)\uparrow[T.l.l.n]\uparrow\mathrm{Post}(T.l.r)\\
&\quad\uparrow[T.l.n]\uparrow\mathrm{Post}(T.r)\uparrow[T.n]
\end{aligned}$$

由此可以得到用非递归算法解后序遍历二叉树的总策略：引进三个变量 X、S、q，其中序列变量 X 存放遍历节点的序列，遍历终止，$X=\mathrm{Post}(T)$；S 是一个起堆栈作用的序列变量，用于存放尚待访问的子树的根及其右子树；q 用于存放准备访问的 T 的子树。

序列变量 S 中的一个元素 $S[i]$对应一棵有待访问的子树，访问顺序和子树在 S 中存放的顺序相同。每次存入 S 之前对子树的左子树已经进行过处理，因此访问子树时只需要取出对应的右子树和根节点。S 中的内容由函数 F 给出。F 的定义如下：

$$F([])=[] \tag{5.3}$$

$$F([q]\uparrow S)=\mathrm{Post}(q.r)\uparrow[q.n]\uparrow F(S) \tag{5.4}$$

基于分划递推法中开发循环不变式新策略中的非线性数据结构递归定义技术，可以很方便地推导出 X、q、S 间的关系，即循环不变式：

$$\rho:\quad \mathrm{Post}(T)=X\uparrow\mathrm{Post}(q)\uparrow F(S)$$

用传统的方法开发求解递归问题的循环不变式是比较困难的，其表达形式往往十分复杂，不便于算法程序的形式推导和证明。本书的突出特点是根据文献[64]中提出的循环不变式新定义和新策略(参考本书 5.2.1 节)，尤其是其中的递归定义技术，简捷地得到循环不变式的简单表达式。

2) 手工验证

(1) 证明开始迭代之前循环不变式ρ为真。

语句 S_0 为

$$S, X, q := [],[],T;$$

$Q \Rightarrow \mathrm{WP}(\rho, S_0)$

$\equiv$ 给定二叉树 $T \Rightarrow$

$(\mathrm{Post}(T) = X \uparrow \mathrm{Post}(q) \uparrow F(S))^{S,X,q}_{[],[],T}$

$\equiv$ 给定二叉树 $T \Rightarrow \mathrm{Post}(T) = [] \uparrow \mathrm{Post}(T) \uparrow F([])$

$\equiv$ 给定二叉树 $T \Rightarrow \mathrm{Post}(T) = \mathrm{Post}(T)$

{使用：式(5.4)}

$\equiv$ 给定二叉树 $T \Rightarrow \mathrm{True}$

$\equiv \mathrm{True}$

(2) 证明ρ确实是循环不变式。

① 证明执行第一个循环分支前后循环不变式ρ为真。

条件 C_1 为：$\neg (q = \%)$

语句 S_1 为：$S,q := [q]\uparrow S, q.l;$

$\rho \wedge C_1 \Rightarrow \mathrm{WP}(\rho, S_1)$

$\equiv \mathrm{Post}(T) = X\uparrow \mathrm{Post}(q)\uparrow F(S) \wedge q \neq \% \Rightarrow (\mathrm{Post}(T) = X \uparrow \mathrm{Post}(q) \uparrow F(S))^{S,q}_{[q]\uparrow S, q.l}$

$\equiv \mathrm{Post}(T) = X\uparrow \mathrm{Post}(q)\uparrow F(S) \wedge q \neq \% \Rightarrow \mathrm{Post}(T) = X\uparrow \mathrm{Post}(q.l)\uparrow F([q]\uparrow S)$

$\equiv \mathrm{Post}(T) = X\uparrow \mathrm{Post}(q)\uparrow F(S) \wedge q \neq \% \Rightarrow \mathrm{Post}(T) = X\uparrow \mathrm{Post}(q.l)\uparrow \mathrm{Post}(q.r)\uparrow [q.n]\uparrow F(S)$

{使用：式(5.3)}

$\equiv \mathrm{Post}(T) = X\uparrow \mathrm{Post}(q)\uparrow F(S) \wedge q \neq \% \Rightarrow \mathrm{Post}(T) = X\uparrow \mathrm{Post}(q)\uparrow F(S)$

{使用：递推关系式(5.1)}

$\equiv \mathrm{True}$

② 证明执行第二个循环分支前后循环不变式ρ为真。

条件 C_2 为：$q = \% \wedge \neg (S = [])$

语句 S_2 为：if 条件语句

$\rho \wedge C_2 \Rightarrow \mathrm{WP}(\rho, S_2)$

$\equiv \mathrm{Post}(T) = X\uparrow \mathrm{Post}(q)\uparrow F(S) \wedge q = \% \wedge S \neq [] \Rightarrow \mathrm{WP}(\rho, \text{if})$

if 第 1 分支的条件 C_{21} 为 $S[S.h].r = \%$

if 第 1 分支的语句 S_{21} 为 $S, X := S[S.h + 1..S.t], X\uparrow [S[S.h].n];$

$\rho \wedge C_2 \Rightarrow (C_{21} \Rightarrow \mathrm{WP}(\rho, S_{21}))$

$\equiv \rho \wedge C_2 \wedge C_{21} \Rightarrow \mathrm{WP}(\rho, S_{21})$

{使用：公理 $A \Rightarrow (B \Rightarrow C) \equiv (A \wedge B) \Rightarrow C$}

$\equiv \mathrm{Post}(T) = X\uparrow \mathrm{Post}(q)\uparrow F(S) \wedge q = \% \wedge S \neq [] \wedge S[S.h].r = \% \Rightarrow$

$(\text{Post}(T) = X \uparrow \text{Post}(q) \uparrow F(S))^{S,X}_{S[S.h+1...S.t],X\uparrow[S[S.h].n]}$

$\equiv \text{Post}(T) = X\uparrow\text{Post}(q)\uparrow F(S) \wedge q = \% \wedge S \neq [] \wedge S[S.h].r = \% \Rightarrow$

$\text{Post}(T) = X\uparrow[S[S.h].n]\uparrow\text{Post}(q)\uparrow F(S[S.h+1..S.t])$

$\equiv \text{Post}(T) = X\uparrow\text{Post}(\%)\uparrow F(S) \wedge S \neq [] \wedge S[S.h].r = \% \Rightarrow$

$\text{Post}(T) = X\uparrow[S[S.h].n]\uparrow\text{Post}(\%)\uparrow F(S[S.h+1..S.t])$

$\equiv \text{Post}(T) = X\uparrow F(S) \wedge S \neq [] \wedge S[S.h].r = \% \Rightarrow$

$\text{Post}(T) = X\uparrow[S[S.h].n]\uparrow F(S[S.h+1..S.t])$

{使用：式(5.2)}

$\equiv \text{Post}(T) = X\uparrow F(S) \wedge S \neq [] \wedge S[S.h].r = \% \Rightarrow$

$\text{Post}(T) = X\uparrow\text{Post}(S[S.h].r)\uparrow[S[S.h].n]\uparrow F(S[S.h+1..S.t])$

{由于 $S[S.h].r = \%$，由式(5.2)可知：

$\text{Post}(S[S.h].r) = []$}

$\equiv \text{Post}(T) = X\uparrow F(S) \wedge S \neq [] \wedge S[S.h].r = \% \Rightarrow$

$\text{Post}(T) = X\uparrow F(S)$

{使用：递推关系式(5.3)}

$\equiv$ True

if 第 2 分支的条件 C_{22} 为 $S[S.h].r \neq \%$

if 第 2 分支的语句 S_{22} 为 $q,S := S[S.h].r,\ [S[S.h].n]\uparrow S[S.h+1..S.t]$;

$\rho \wedge C_2 \Rightarrow (C_{22} \Rightarrow \text{WP}(\rho, S_{22}))$

$\equiv \rho \wedge C_2 \wedge C_{22} \Rightarrow \text{WP}(\rho, S_{22})$

{使用：公理 $A \Rightarrow (B \Rightarrow C) \equiv (A \wedge B) \Rightarrow C$}

$\equiv \text{Post}(T) = X\uparrow\text{Post}(q)\uparrow F(S) \wedge q = \% \wedge S \neq [] \wedge S[S.h].r \neq \% \Rightarrow$

$(\text{Post}(T) = X \uparrow \text{Post}(q) \uparrow F(S))^{q,S}_{S[S.h].r,[S[S.h].n]\uparrow S[S.h+1...S.t]}$

$\equiv \text{Post}(T) = X\uparrow\text{Post}(q)\uparrow F(S) \wedge q = \% \wedge S \neq [] \wedge S[S.h].r \neq \% \Rightarrow$

$\text{Post}(T) = X\uparrow\text{Post}(S[S.h].r)\uparrow F([S[S.h].n]\uparrow S[S.h+1..S.t])$

$\equiv \text{Post}(T) = X\uparrow\text{Post}(q)\uparrow F(S) \wedge q = \% \wedge S \neq [] \wedge S[S.h].r \neq \% \Rightarrow$

$\text{Post}(T) = X\uparrow\text{Post}(S[S.h].r)\uparrow[S[S.h].n]\uparrow F(S[S.h+1..S.t])$

{使用：递推关系式(5.3)和 $T.n$ 操作说明}

$\equiv \text{Post}(T) = X\uparrow\text{Post}(q)\uparrow F(S) \wedge q = \% \wedge S \neq [] \wedge S[S.h].r \neq \% \Rightarrow$

$\text{Post}(T) = X\uparrow F(S)$

{使用：递推关系式(5.3)}

$\equiv \text{Post}(T) = X\uparrow\text{Post}(\%)\uparrow F(S) \wedge S \neq [] \wedge S[S.h].r \neq \% \Rightarrow$

$\text{Post}(T) = X\uparrow F(S)$

$\equiv \text{Post}(T) = X\uparrow F(S) \wedge S \neq [] \wedge S[S.h].r \neq \% \Rightarrow$

$Post(T) = X \uparrow F(S)$
{使用：递推关系式(5.2)}

$\equiv$ True

(3) 证明后置断言 R 在循环终止时必须为真。

$\rho \wedge \neg (C_1 \vee C_2) \Rightarrow R$

$\equiv Post(T) = X \uparrow Post(q) \uparrow F(S) \wedge q = \% \wedge S = [] \Rightarrow Post(T) = X$

$\equiv Post(T) = X \uparrow Post(\%) \uparrow F([]) \wedge q = \% \wedge S = [] \Rightarrow Post(T) = X$

$\equiv Post(T) = X \wedge q = \% \wedge S = [] \Rightarrow Post(T) = X$

{使用：递推关系式(5.2)和关系式(5.4)}

$\equiv$ True

(4) 循环的终止性显然成立。

至此，完成了此程序的正确性证明。

3) Isabelle 定理证明器验证

第 1 步：定义二叉树类型 BTree，如下所示：

```
(*--- define the datatype of binary tree ---*)datatype'a
BTree = Tnull / BT '''a BTree'' 'a'' 'a BTree''
```

'a 表示是类型变量，即树中节点的类型可以是整型、布尔型、字符型等，体现了 Isabelle 支持多态性。BTree 存在两种形式：Tnull 表示空树；BT "*'a* BTree" *'a* "*'a* BTree"表示定义一棵非空树，分别存在左子树"*'a* BTree"、根节点*'a* 和右子树"*'a* BTree"。

第 2 步：构造与 BTree 相关的四个函数，如下所示：

```
(*--- define four function ---*)
fun root::'''a BTree ⇒ 'a BTree''
where
   ''root Tnull = Tnull''/
   ''root (BT t1 x t2)= BT Tnull x Tnull''
fun data :: '''a BTree ⇒ 'a''
where
   ''data (BT t1 x t2)= x''
fun ltree :: '''a BTree ⇒ 'a BTree''
where
   ''ltree Tnull = Tnull''/
   ''ltree (BT t1 x t2)= t1''
```

其中函数 root 表示使得二叉树的左右子树置空；函数 data 的功能表示取二叉树的根节点；ltree 和 rtree 分别表示取二叉树的左、右子树。

第 3 步：构造后序遍历二叉树递推关系式，如下所示。与其他许多函数式程序设计语言一样，Isabelle 中可以使用 consts 命令进行函数的声明，函数的递推定义部分可以使用 primrec 命令。

```
Consts
  post_bt::'''a BTree ⇒ 'a list''
primrec
  ''post_bt Tnull = []''
  ''post_bt (BT t1 x t2)= (post_bt t1)@(post_bt t2)@[x]''
(*---define a function about a stack ---*)
fun F::'''a BTree list ⇒ 'a list''
where
  ''F[] = []''/
  ''F(x#xs)=(post_bt(rtree x))@[data x]@(F xs)''
```

第 4 步：证明后序遍历二叉树非递归算法程序的正确性，如下所示：

```
(*---proof the correctness of post-traverse---*)
theorem wp1:''q=T ⇒ post_bt(T)=[] @ post_bt(q) @ F[]''
  apply auto
  done
 lemma post_bt_rule:''q≠Tnull ⇒ post_bt q = post_bt(ltreeq)
 @ post_bt(rtreeq)@[data q]''
  apply(induct q)
  apply auto
  done
thorem wp2_1:''post_bt(T)= x @ post_bt(q) @ F(s) ∧ q ≠
Tnull ⇒ post_bt(T)
= x @ post_bt(1tree q)@ F([q]@s)''
  apply auto
  apply(rule post_bt_rule)
  apply simp
  done
lemma F_rule1:''xs ≠ [] ∧ rtree(hd xs) = Tnull ⇒ F xs =
```

```
data(hd xs) # F(t1xs)''
  apply(induct xs)
  apply auto
  done
theorem wp2_2_if1:''post_bt(T)= x @ post_bt(q) @ F(s) ∧
q = Tnull ∧ s ≠ [] ∧rtree (hd s)= Tnull ⇒ post_bt(T)= x
@[data)(hd s)]@ post_bt(q)@ F(t1s)''
  apply auto
  apply(rule F rule1)
  apply simp
  done
lemma rtree_root:''rtree(root t) = Tnull''
  apply(induct t)
  apply auto
  done
lemma data_root:''data(root t) = data t''
  apply(induct t)
  apply auto
  done
lemma F_rule2:''xs ≠ [] ∧ rtree(hd xs) ≠ Tnull ⇒ F xs -
post_bt(rtree(hdxs))@ post_bt(rtree(root(hd xs)))@data
(root (hd xs))#(t1 xs)''
  apply(subst rtree_root)
  apply(subst data_root)
  apply(induct xs)
  apply auto
  done
theorem wp2_2_if2:''post_bt(T)= x @ post_bt(q) @ F(s) ∧
q = Tnull ∧ s ≠ [] ∧rtree (hd s) ≠ Tnull ⇒ post_bt(T)=
x @  post_bt(rtree(hd s))@ F((root(hd s))#(t1 s))''
apply auto
  apply(rule F_rule2)
  apply simp
  done
theorem wp3:''post_bt(T)= x @ post_bt(q) @ F(s) ∧ ¬ (q ≠
```

```
Tnull ∨ q=Tnull ∧s ≠ []) ⇒ post_bt(T)= x''
  apply auto
  done
```

第 6 章　泛型约束机制在 PAR 平台 C++生成系统中的实现

分划递推由分划递推方法和分划递推平台组成，是江西省高性能计算技术重点实验室软件形式化和自动化学术团队提出并研制成功的一个程序设计环境。PAR 方法由泛型规约和算法描述语言 Radl、泛型抽象程序设计语言 Apla、形式规约变换规则，以及系统的程序设计方法学构成，包含循环不变式的新定义和新的开发策略、统一的算法程序设计方法、自动生成 SQL 查询程序等关键技术。PAR 平台是 PAR 方法的支撑平台，为 PAR 方法提供了形式化和自动化的程序设计环境支持，是 PAR 的重要组成部分，其包含了六类程序自动生成工具，分别是抽象程序设计语言 Apla 生成系统、Java 语言生成系统、VB.net 语言生成系统、C#语言生成系统、Delphi 语言生成系统和 C++语言生成系统。PAR 支持算法程序的形式化开发，实践证明，用 PAR 提供的语言、变换规则和系列转换工具开发的程序具有原理简单、使用方便、通用性强、可靠性高等特点，可以大幅度提高复杂算法程序的生产效率。

6.1　PAR 平台 C++生成系统

PAR 平台 C++生成系统的设计是本书的一个重要组成部分，该系统已通过上海软件评测中心查新鉴定，并获得软件著作权。本节将从系统主要功能、主要功能模块、系统界面和转换规则库等四个方面对系统进行介绍。

6.1.1　系统主要功能

PAR 平台 C++程序生成系统采用的是编译原理技术，首先对作为字符串参数输入的 Apla 源程序进行词法分析，将其转换为一个 token 序列，再采用递归下降法对该 token 序列进行语法、语义分析。对于泛型 Apla 程序，调用基于预定义约束库的约束匹配检测模块(第 5 章)，对其进行约束匹配检测，通过匹配检测的 Apla 程序将根据 Apla 到 C++语言的转换规则将其转换为对应的 C++模板程序，再结合核心转换器生成的 C++可重用部件库，可将此 C++程序导入标准 C++编译器内编译运行，如图 6-1 所示。

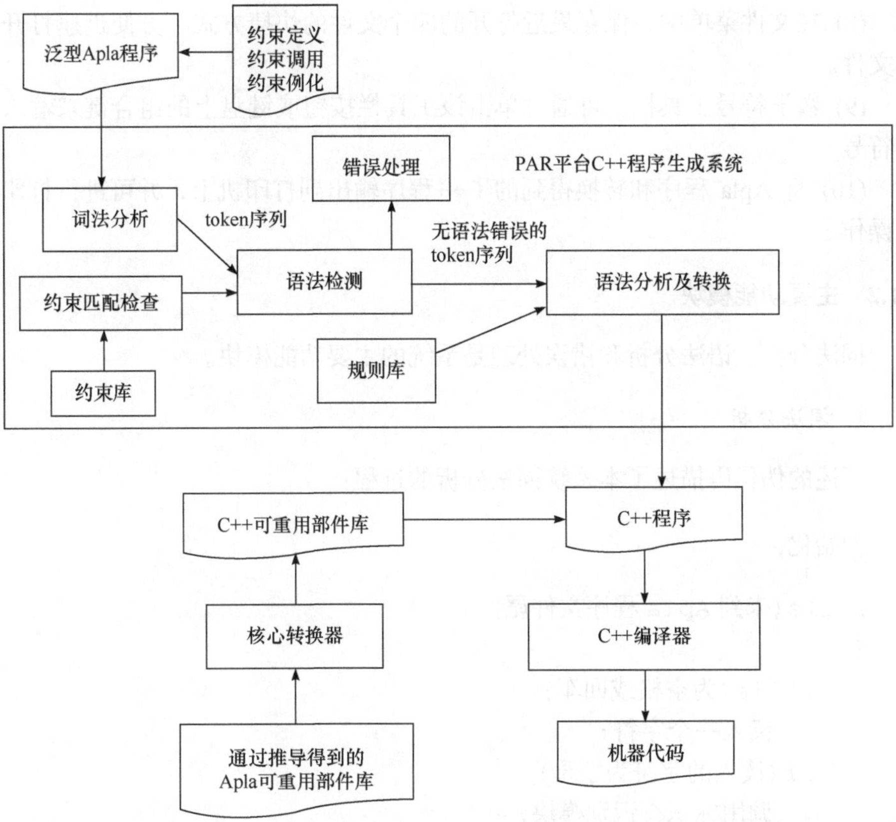

图 6-1　系统功能结构图

本系统的具体功能如下：

(1) 从文件中读入或手工输入一个 Apla 程序。

(2) 对 Apla 程序进行词法、语法及语义分析，并能将 Apla 程序中的语法及语义错误信息提供给用户。

(3) 依据 Apla 到 C++语言的转换规则，通过系统的转换，将一个正确的 Apla 程序转换为相应的 C++程序。

(4) 能在系统中通过调用第三方 C++编译器直接对转换得到的 C++程序进行编译并运行得到正确的结果。

(5) 保存编辑的 Apla 程序和转换得到的 C++程序。

(6) 语法着色功能，对于一个标识符，可判断其是否为关键字、数据类型、预定义标准过程或函数、字符串等而将其显示为不同的颜色，便于用户判断输入的正确性和查找错误。

(7) Apla 程序编辑区的基本编辑功能有剪切、复制、粘贴、查找、替换、字体大小设置等。

(8) 在文件菜单中，保存最近打开的四个文件的快捷方式，方便迅速打开常用文件。

(9) 数学符号工具栏，可通过单击该工具栏按钮或键盘上的组合键来输入数学符号。

(10) 将 Apla 程序和转换得到的 C++程序输出到打印机上，并可进行打印设置操作。

6.1.2 主要功能模块

词法分析、语法分析和错误处理是系统的主要功能模块。

1. 词法分析

下述的伪代码描述了本系统词法分析的过程：

```
初始化;

while(未到 Apla 程序文件尾)
{
    while(为空格或回车)
        读入一个字符;
    if(读入的字符为字母)
        调用标识符识别模块;
    else if(读入的字符为数字)
        调用数字识别模块;
    else 调用其他符号识别模块;
}
设置最后一个字符为终止符;
输出 token 序列;
```

2. 语法分析

下述的伪代码描述了本系统语法分析的过程：

```
读入一个 token;
if(不为 program)
    错误处理;
读入一个 token;
if(不为标识符)
```

```
        错误处理;
    读入一个 token;
    调用断言分析转换模块;
    while(true)
    {
        if 为 begin
            跳出循环体;
        switch(当前 token)
        case"//"
            调用注释语句分析及转换模块;
        case 为"const"
            调用常量定义分析及转换模块;
        case 为"type"
            调用类型定义分析及转换模块;
        case 为"var"
            调用变量定义分析及转换模块;
        case 为"procedure"
            调用过程定义分析及转换模块;
        case 为"function"
            调用函数定义分析及转换模块;
        case 为"define constraint"
            调用约束定义分析;
        case 为"generic"
            switch(下一行首 token)
                case 为"procedure"
                    调用泛型过程定义分析及转换模块;
                case 为"function"
                    调用泛型函数定义分析及转换模块;
                default:
                    错误处理;
            if 下一行首 token 为"where"
                    调用约束匹配形式参数检测模块;
      case 为"new"
        调用约束匹配实例化参数检测模块;
        调用约束例化转换模块;
```

```
    default:
        错误处理;
}
调用语句组转换模块;
```

3. 错误处理

该系统的功能是将正确的 Apla 程序转换成相应的 C++程序,然而由于各种原因，用户编写的 Apla 程序可能有错，一旦用户提交的 Apla 程序有错，系统应有相应的出错处理机制，使得系统应能够继续运行而不至于崩溃。

该系统设计了完善的错误处理模块，有很高的错误处理能力。如果用户提交了错误的 Apla 程序，错误处理模块能分析出错误所在和出错原因，并弹出对话框将这些信息显示给用户，最后系统恢复正常程序编辑状态方便用户对错误做出修改。

系统能处理的错误包括 Apla 词法错误、Apla 语法错误、Apla 语义错误与约束匹配检测错误，用户可根据错误提示信息进行修改。

6.1.3 系统界面

整个系统界面分为三大部分。

1) 系统菜单

系统菜单位于最顶层，它提供了实现系统全部功能的菜单项，其中包括新建 Apla 文件、打开已有的 Apla 文件、保存生成的 C++文件、打印、转换、执行、插入数学符号等，现对主要的菜单命令解释如下：

(1) 新建 Apla 文件。执行该菜单命令，可清除当前正在编辑的 Apla 程序，建立一个新的 Apla 文件。

(2) 打开已有的 Apla 文件。执行该命令，可读入一个磁盘上的 Apla 文件，并将其显示在编辑窗口中。

(3) 保存生成的 C++文件。执行该命令，可将通过转换得到的 C++程序保存在磁盘中。

(4) 打印。执行该命令，可将 Apla 程序或转换得到的 C++程序输出到打印机上。

(5) 转换。执行该命令，可将 Apla 程序转换成等价的 C++程序。

(6) 执行。执行该命令，可调用 C++Build 的编译程序“bcc32.exe”对生成的 C++程序进行编译并执行生成的可执行程序。

2) 工具栏

工具栏包括系统菜单下的系统工具栏和最左边的数学符号工具栏。系统工具栏与系统菜单中的大部分菜单项相对应，数学符号工具栏与系统菜单中的插入数学符号菜单项相对应。数学符号的输入既可通过单击相应的工具栏按钮输入，也可通过键盘上的组合键(在数学符号工具栏及相应的菜单项上有提示)输入。

3) 程序编辑区

系统工具栏下面和数学符号工具栏右边的大块区域为程序编辑区。可在其中自由地编辑 Apla 程序，该编辑窗口实现了语法着色功能，可判断 Apla 程序中的关键字、数据类型名、字符串、预定义标准过程及函数名等而将其显示不同的颜色，便于用户判断输入的准确性和查找错误。

当执行转换命令将编辑的 Apla 程序转换为 C++程序后，程序编辑区就被分割为两部分，如图 6-2 所示。

图 6-2　系统界面

左边依然是 Apla 程序编辑区，而右边显示的是转换得到的 C++程序。中间的分割条可以左右移动以方便比较原有的 Apla 程序和转换得到的 C++程序。通过这种动态分割的方式，既不影响原有 Apla 程序编辑区域的可视面积，又方便 Apla 程序和 C++程序的对比。

转换成功后，即可以点击系统工具栏上的“编译”按钮对生成的 C++程序进行编译。点击“运行”按钮可查看编译生成的可执行代码的运行结果。

6.1.4 规则库

规则库是 C++程序自动生成系统将 Apla 程序转换为 C++程序的重要依据，其中主要的转换规则如下。

(1) 常量定义转换规则：

Apla语言		C++语言
const 常量名=常量值	⇨	const常量类型 常量名=常量值

(2) 类型定义转换规则：

Apla语言		C++语言
type自定义类型名= 原类型名	⇨	typedef原类型名 自定义类型名

(3) 变量声明转换规则：

Apla语言		C++语言
变量名1,变量名2,…,变量名n:类型名	⇨	类型名:变量名1,变量名2,…,变量名n

(4) 过程及函数定义转换规则：

Apla语言		C++语言

过程定义：procedure 过程名(参数表)
begin
…
end;
	⇨	void过程名(参数表){
		…
		}

函数定义：function 函数名(参数表)：函数类型；
begin
…
end;
	⇨	函数类型 函数名(参数表){
		…
		}

(5) 泛型过程及函数定义转换规则：

Apla语言		C++语言
泛型过程：generic <sometype 类型参数表，someop操作参数表> procedure 过程名(参数表) where(约束调用) begin	⇨	template <class类型参数表> void过程名 (*(操作参数)(参数表)){ …

```
        …                                   }
        end;
泛型函数：generic <sometype 类型参数表，          template <class类型参数表>
         someop操作参数表>                         函数类型 函数名
         function函数名(参数表)：函数类型；        (*(操作参数)(参数表)){
            where(约束调用)
            begin                        ⇨          …
             …                                    }
            end;
```

(6) 运算符转换规则，如表 6-1 所示。

表 6-1　Apla 到 C++语言运算符转换规则表

Apla 中的运算符	C++中的运算符
整型、实型运算符：+、–、*、/、mod、div	+、–、*、/、%、/
布尔型运算符：∧、∨、¬、=、Cand、Cor	&&、‖、!、==、&、|
通用关系运算符：≠、<、>、=、⩽、⩾	!=、<、>、==、<=、>=
集合、包、序列、树、图运算符	相应类中的成员函数

6.2　泛型约束机制在 PAR 平台上的实现

6.2.1　形式类型参数检测

形式类型参数检测对泛型过程或函数的形式类型参数的操作是否符合类型约束定义进行匹配检测。图 6-3 给出了检测流程，检测算法如下：

(1) 依据约束定义，自动提取类型参数的可操作集合 S。

(2) 扫描泛型 Apla 泛型过程或函数，生成与形式类型参数相关的依赖性表达式。

(3) 自动生成依赖性表达式中的类型参数相关操作集 P。

(4) 判定相关操作集 P 是否属于可操作集合 S 的子集。

6.2.2　实例参数语法检测

实例参数语法检测对实例化参数是否满足约束的语法需求进行匹配检测。图 6-4 给出了检测过程，判定算法如下：

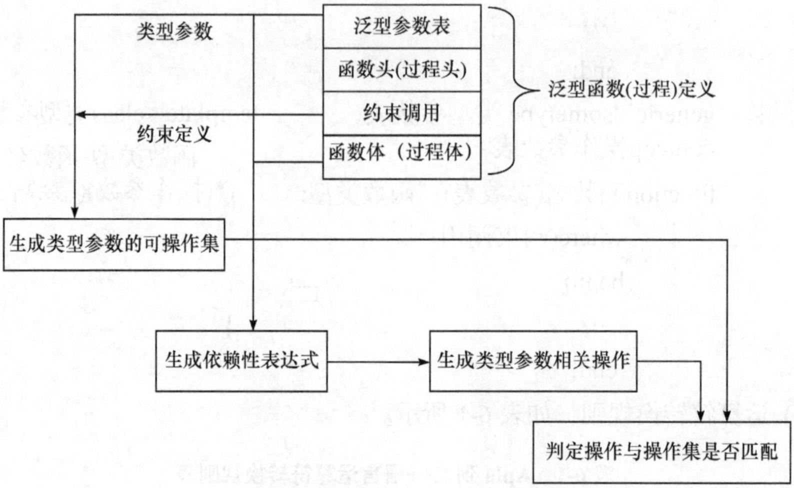

图 6-3　形式类型参数检测流程

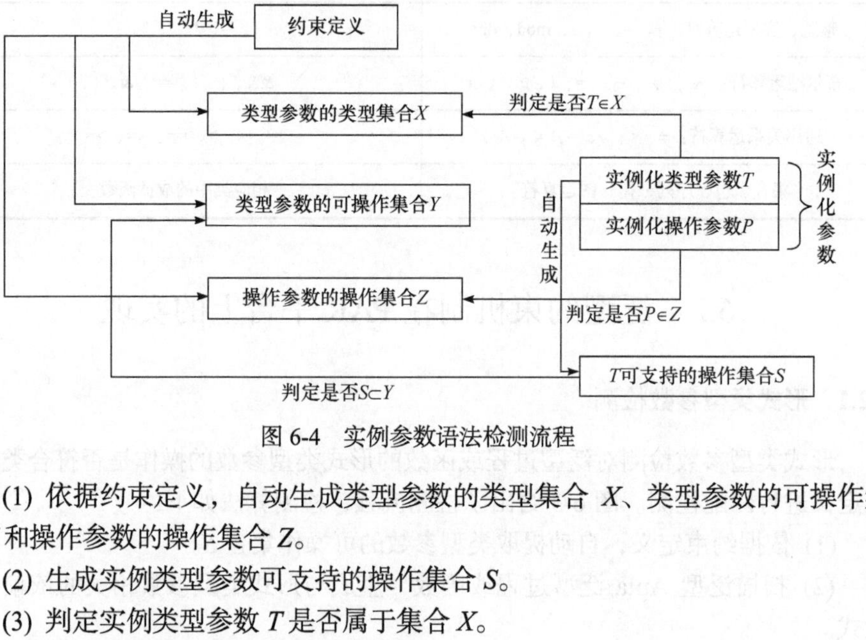

图 6-4　实例参数语法检测流程

(1) 依据约束定义，自动生成类型参数的类型集合 X、类型参数的可操作集合 Y 和操作参数的操作集合 Z。

(2) 生成实例类型参数可支持的操作集合 S。

(3) 判定实例类型参数 T 是否属于集合 X。

(4) 判定集合 $S\subset$ 集合 Y 是否为真。

(5) 判定实例操作参数 P 是否属于集合 Z。

(6) 若步骤(3)～(5)结果均为真，则检测通过，否则提示错误信息。

6.2.3　实现实例

选取典型泛型算法 Kleene 在 PAR 平台实现，主要包括约束匹配检测和自动生成 C++模板程序两部分。

1) 约束匹配检测

依据图 5-1 的 PAR 约束匹配检测及验证模型，类型约束匹配检测及验证可分为三部分。

(1) 形式类型参数检测。

① 依据闭半环约束定义，平台自动生成类型参数 elem 的可操作集合为{⊕,⊙}。

② 扫描 Kleene 泛型过程，生成与形式类型参数 elem 相关的依赖性表达式“write(*c*[i,j],",")”和“c[i,j]⊕(c[i,k]⊙c[k,j])”。

③ 生成依赖性表达式中的类型参数相关操作为⊕和⊙。

④ ⊕和⊙均属于可操作集合{⊕, ⊙}，检测通过。

(2) 实例参数语法检测。

① 依据闭半环约束定义，平台自动生成类型参数的类型集合 *X*{integer,real, char,boolean}。

② 自动生成类型参数的可操作集合 *Y*{MIN,MAX,+,−,*,/,∧,∨,≠,¬,⩽,⩾}。

③ Basebinaryop 是一类预定义约束，刻画了一组基本二元操作，闭半环约束中的操作参数精化自 Basebinaryop，因此可自动生成操作参数的操作集合 *Z*{MIN,MAX,+,−,*,/,∧,∨,≠,⩽,⩾,⋂,⋃,∈}。

④ 实例化类型 integer、boolean 均属于集合 *X*，此项检测通过。

⑤ 生成实例化类型 integer、boolean 所支持的操作集合 *S*{MIN,MAX,+,−, *,/,∧, ∨,≠,⩽,⩾}。

⑥ 判定集合 $S\subset$ 集合 *Y*，此项检测通过。

⑦ 实例化操作参数 MIN、MAX、+、∧、∨均属于集合 *Z*，此项检测通过。

⑧ 步骤⑤～⑦结果均为真，检测通过。

(3) 实例类型参数语义验证，见图 5-1。

2) 自动生成 C++模板程序

自动生成 C++模板程序步骤如下：

(1) 将 Kleene 泛型算法以 Apla 描述，得到一泛型 Apla 程序。

(2) 对泛型 Apla 程序进行词法分析，将其转换为一个 token 序列，再采用递归下降法对该 token 序列进行语法、语义分析。

(3) 调用预定义代数结构语义约束库(4.2.3 节)，确定泛型 Apla 程序所调用的约束的精化关系。

(4) 依据此精化关系，启动约束匹配检测。

(5) 通过约束匹配检测的泛型 Apla 程序将依据 Apla 到 C++语言的转换规则

库将其转换为对应的C++程序，如图6-5所示，界面左侧为泛型Apla程序，右侧为自动生成的C++程序。图6-6展示了自动生成的C++程序的运行效果。

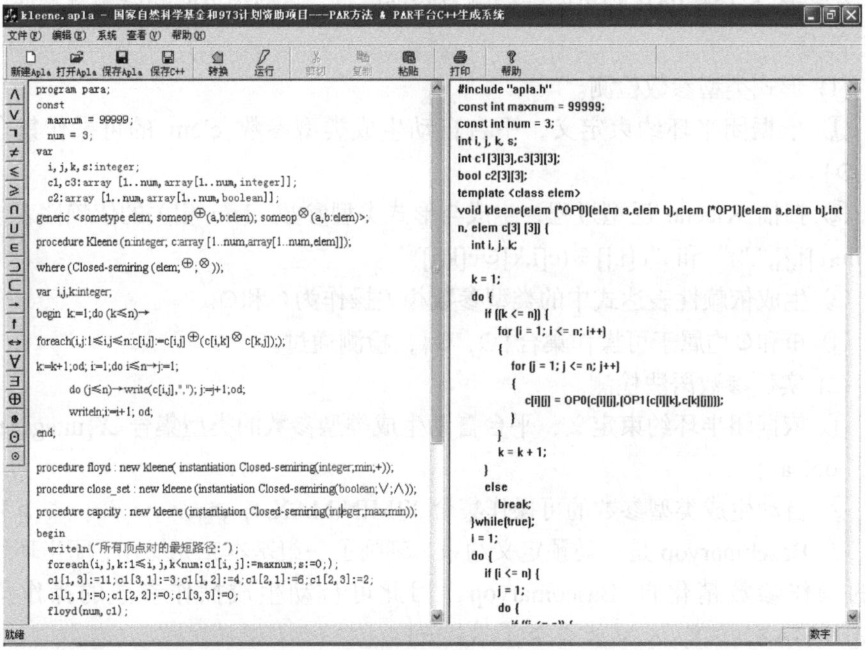

图 6-5 将 Kleene 泛型算法生成 C++程序

图 6-6 C++程序的运行效果

第7章 总 结

泛型程序设计以高效率和高抽象的特点已在产业界和学术界受到广泛关注和认可[65]，泛型约束是对每类泛型参数构成域的精确描述，是保证泛型程序设计安全性的重要机制，也是构造可信软件的关键技术。国内外很多学者针对泛型约束机制，采用不同的技术开展了许多研究工作，归纳起来，可以分为以下几类：

(1) C++模板库(STL)是迄今为止最为成功和卓越的泛型设计范例[66]。C++模板的定义与使用之间未脱离关联，所有的类型检测在泛型实例化之后进行，模板运行效率高，操作灵活。但是，C++模板对泛型约束的支持是所有支持泛型的程序语言中最弱的，它采用基于文档的形式表达模板参数的约束，对泛型约束的表达是隐晦的、不容易理解的，并且不支持模块化的类型检测，由此引发编译信息晦涩、难以对错误进行定位等一系列问题。

(2) ConceptC++是基于 Concepts 的 C++模板扩展语言，在 C++模板的基础上显式添加了描述泛型约束的形式语法[67]。相比于 C++，ConceptC++对泛型约束的支持有了很大提升，解决了 C++模板存在的许多问题[68]。然而，ConceptC++使用起来过于复杂，其可行性和实用性甚至受到 C++标准委员会的质疑[2]；另外，ConceptC++的宿主语言是 C++，抽象程度较低；ConceptC++的约束仍然只能处于语法层次上，对语义约束则无能为力。这些因素导致 ConceptC++很难全面实现作为一组类型需求的泛型约束。

(3) Java 和 C#都是基于子类型约束的多态机制，采用受限的参数多态来进行类型参数约束，通过类之间的子类型关系或继承关系强制所需要的类型必须由某个基类(或接口)派生。基于子类型约束的多态机制是现今主流语言采用的泛型约束机制[69]，这类约束描述的泛型需求过窄，只能称为窄义的约束。

(4) ML 和 Haskell 均属于函数式编程语言，它们分别基于结构化约束签名和类属匹配的方式来表达泛型参数的约束，对泛型约束均有明确的支持，并且描述的抽象程度较高。但是，其描述能力较弱[70]，不易于被程序开发者接受，也不利于实际推广应用，更为重要的一点是上述两种语言与 ConceptC++一样，其约束仍然只能处于语法层次上[71]，不支持语义约束。这些因素导致它们也很难实现完整的泛型约束。

(5) 近几年，泛型程序设计约束也开始在国内受到广泛关注，比较有代表性的研究工作是北京大学计算语言学研究所的孙斌提出的命名类型约束机制[11]。其选取 C++语言作为宿主语言，约束机制的语法设计保持与 C++语言风格及其设计思想一致；设计了标准约束库，收录了计算机科学中常用的一组基本概念(包括离散数学、常用数据结构和算法中涉及的一些概念)；开发出一个编译器前端(集成到已有的 C++前端中)，对涉及类型约束代码的部分进行属性值计算和分析检测。命名类型约束机制实现的基本策略是尽可能地重用现有的 C++资源，而本书的观点认为该机制过度依赖 C++，使得其机制的抽象程度较低，难以刻画抽象程度更高的泛型程序设计概念；另外，其约束对象只有类型约束，且只能定义语法层次的约束需求。

(6) 本书提出的约束机制在 PAR 平台中的设计与实现方法相比国内外现有研究具有以下特点：

① 本书设计的抽象约束机制，包含数据类型约束和操作约束两类。实现了操作约束功能，提出操作约束基于 Hoare 公理语义描述的方法，现有 C++、Java 主流语言泛型约束机制仅限于类型参数约束。

② 提出了标准数据类型约束的代数结构描述方法、理论和实现技术，拓展了泛型程序设计数据类型约束的应用范围。

③ 在 PAR 中设计了抽象约束机制，其最终表现形式为谓词逻辑公式，同时支持语法和语义层的约束，较现有的支持泛型约束机制的程序设计语言更能精确地描述泛型需求。

④ 设计了 PAR 平台泛型约束匹配检测及验证模型及其相关算法，可同时检测和验证类型约束和操作约束的匹配关系，并通过一个典型的基于闭半环代数结构约束的 Kleene 泛型算法展示了该类型约束机制的设计与实现方法；通过一个基于排序类操作约束的二分搜索算法和基于后序遍历类操作约束的中缀表达式求值算法展示了该操作约束机制的设计与实现方法。

⑤ 实际使用效果表明该系统能够解决一系列复杂泛型约束问题，自动生成的 C++程序的泛型安全性也得到相当大的改善。

通过使用抽象程序语言 Apla 来定义新的约束机制是一个行之有效的途径，并且尚具备极大的潜力。下一步的工作将包括扩充可重用约束库，完善约束设计机制，设计更多实例检验 PAR 平台的实现能力。同时，根据泛型约束的定义，完整的泛型约束应包含对数据、数据类型、操作(函数和过程)、构件、服务和子系统等每类泛型参数构成域的精确描述。然而，本书提出的 Apla 泛型约束机制只支持数据、数据类型和操作的构成域的描述，离完整实现泛型约束仍有距离，进一步的工作考虑将构件、服务和子系统均加入 PAR 的泛型及其约束机制中，以促进本方法在泛型程序设计中的应用。同时，标准数据类型约束的代数结构规范描述的研究还是初步的，在描述大型软件时尚会遇到不少问题。因此，可以考虑将代数结构规范描述方法与其他方法结合起来，扬长避短，并同时进一步探讨标准数据类型的代数描述的各种理论问题与实现技术。

参 考 文 献

[1] McIlroy M D, Buxton J, Naur P, et al. Mass-produced software components[C]//Proceedings of the 1st International Conference on Software Engineering, Garmisch-Partenkirchen, 1968.

[2] Siek J G. The C++0x "Concepts" Effort (Draft)[C]//International Spring School on Generic and Indexed Programming, Oxford, 2011.

[3] Milner R. A theory of type polymorphism in programming[J]. Journal of Computer and System Sciences, 1978, 17(3): 348-375.

[4] Milner R, Tofte M, Harper R. The Definition of Standard ML[M]. Cambridge: MIT Press, 1990.

[5] Musser D R. The Tecton concept description language[EB/OL]. http://www.cs.rpi.edu/~musser/gp/tecton[2022-1-20].

[6] Musser D R, Stepanov A A. Generic programming[C]//International Symposium on Symbolic and Algebraic Computation, Berlin, 1988.

[7] Backhouse R, Jansson P, Jeuring J, et al. Generic programming[C]//International School on Advanced Functional Programming, Berlin, 1998.

[8] Musser D R, Stepanov A A. A library of generic algorithms in Ada[C]//Proceedings of the 1987 Annual ACM SIGAda International Conference on Ada, Boston, 1987.

[9] Meyers S. Effective STL: 50 Specific Ways to Improve Your Use of the Standard Template Library[M]. Essex: Pearson Education, 2001.

[10] Austern M H. Generic Programming and the STL: Using and Extending the C++ Standard Template Library[M]. Boston: Addison-Wesley Longman Publishing Co, 1998.

[11] 孙斌. 面向对象、泛型程序设计与类型约束检测[J]. 计算机学报, 2004, 27(11): 1492-1504.

[12] Pitt W R, Williams M A, Steven M, et al. The bioinformatics template library: Generic components for biocomputing[J]. Bioinformatics, 2001, 17(8): 729-737.

[13] Kiezun A, Ernst M D, Tip F, et al. Refactoring for parameterizing Java classes[C]//The 29th International Conference on Software Engineering, Minneapolis, 2007.

[14] Microsoft Corporation. Constraints on type parameters(C# programming guide VS2010)[EB/OL]. http://msdn.microsoft.com/en-us/library/d5x73970.aspx[2020-9-10].

[15] Microsoft Corporation. C# version 2.0 specification[EB/OL]. http://msdn.microsoft.com/vcsh arp/ programming/language[2020-9-10].

[16] Microsoft Corporation. Generics in C#[EB/OL]. http://research.microsoft.com/projects/clrgen[2020-9-10].

[17] Rémy D, Vouillon J. Objective ML: A simple object-oriented extension of ML[C]//Proceedings of the 24th ACM SIGPLAN-SIGACT Symposium on Principles of Programming Languages, New York, 1997.

[18] Milner R, Tofte M. The Definition of Standard ML[M]. Cambridge: MIT Press, 1990.

[19] Hinze R, Jeuring J, Loh A. Comparing approaches to generic programming in Haskell[C]//International Spring School on Datatype-Generic Programming, Berlin, 2006.
[20] Bernardy J P, Jansson P, Zalewski M, et al. A comparison of C++ concepts and Haskell type classes[C]//Proceedings of the ACM SIGPLAN Workshop on Generic Programming, Victoria, 2008.
[21] Xue J. A unified approach for developing efficient algorithmic programs[J]. Journal of Computer Science and Technology, 1997, 12(4): 314-329.
[22] Xue J. PAR method and its supporting platform[R]. Macao:UNU-IIST, 2006.
[23] 王昌晶, 薛锦云. 一类 0-1 背包问题算法程序的形式化推导[J]. 武汉大学学报(理学版), 2009, 55(6): 674-680.
[24] 石海鹤, 薛锦云. 基于 PAR 的算法形式化开发[J]. 计算机学报, 2009, 32(5): 982-991.
[25] 左正康, 游珍, 薛锦云. 后序遍历二叉树非递归算法的推导及形式化证明[J]. 计算机工程与科学, 2010, 32(3): 119-123.
[26] 游珍. Isabelle 定理证明器的剖析及其在 PAR 方法/PAR 平台中的应用[D]. 南昌: 江西师范大学, 2009.
[27] Garcia R, Jarvi J, Lumsdaine A, et al. An extended comparative study of language support for generic programming[J]. Journal of Functional Programming, 2007, 17: 145-205.
[28] Jarvi J, Gregor D, Willcock J, et al. Algorithm specialization in generic programming: Challenges of constrained generics in C++[J]. ACM SIGPLAN Notices, 2006, 41(6): 272-282.
[29] Gregor D, Jarvi J, Siek J, et al. Concepts: Linguistic support for generic programming in C++[C]//Proceedings of the 21st Annual ACM SIGPLAN Conference on Object-oriented Programming Systems, Languages, and Applications, Portland, 2006.
[30] Hinze R, Jeuring J. Generic Haskell: Practice and Theory[M]. Berlin: Springer-Verlag, 2003.
[31] Reis G D, Stroustrup B. Specifying C++ concepts[J]. ACM SIGPLAN Notices, 2006, 41(1): 295-308.
[32] Gregor D, Siek J. Implementing concepts[R]. Geneva: ISO/IEC, 2005.
[33] Gregor D, Jarvi J, Kulkarni M, et al. Generic programming and high-performance libraries[J]. International Journal of Parallel Programming, 2005, 33(2): 145-164.
[34] Russo L G. An interview with A. Stepanov[EB/OL]. http://www.stlport.org/resources/StepanovUSA.html[2020-9-10].
[35] Stepanov A, Lee M. The Standard Template Library[M]. Palo Alto: Hewlett Packard Laboratories, 1995.
[36] 宋群, 聂承启. 抽象数据类型的代数方法研究[J]. 江西师范大学学报(自然科学版), 1993, 17(3): 219-225.
[37] Laufer K, Baumgartner G, Russo V F. Safe structural conformance for Java[J]. The Computer Journal, 2000, 43(6): 469-481.
[38] Jones P, Hughes J, Augustsson L, et al. Haskell 98——Haskell 98 language and libraries the revised report[EB/OL]. http://www.haskell.org/onlinereport[2020-9-10].
[39] Jones S P, Jones M, Meijer E. Type classes: An exploration of the design space[C]//Haskell Workshop, Amsterdam, 1997.

[40] Plauger P J, Lee M, Musser D, et al. C++ Standard Template Library[M]. London: Prentice Hall PTR, 2000.

[41] Reis G D, Stroustrup B, Meredith A. Axioms:Semantics aspects of C++ concepts[R]. Geneva: ISO/IEC, 2009.

[42] Gregor D, Siek J. Concepts for C++0x Revision 1[R]. Geneva: ISO/IEC, 2006.

[43] Jarvi J, Marcus M A, Smith J N. Library composition and adaptation using C++ concepts[C]// Proceedings of the 6th International Conference on Generative Programming and Component Engineering, Salzburg, 2007.

[44] Stroustrup B. Simplifying the use of concepts[R]. Geneva: ISO/IEC, 2009.

[45] Tsafrir D, Wisniewski R W, Bacon D F, et al. Minimizing dependencies within generic classes for faster and smaller programs[J]. ACM SIGPLAN Notices, 2009, 44(10): 425-444.

[46] Abrahams D, Gurtovoy A. C++ Template Metaprogramming: Concepts, Tools, and Techniques from Boost and Beyond[M]. Essex: Pearson Education, 2004.

[47] 刘峻. JSR-14: 泛型 Java 的实现[J]. 计算机仿真, 2004, 22(3): 232-234, 242.

[48] 陈林, 徐宝文, 周晓宇. 一种基于类型约束的泛型 Java 程序重构方法[J]. 电子学报, 2007, 35(12): 185-191.

[49] 陈林, 徐宝文, 钱巨, 等. 一种基于类型传播分析的泛型实例构造方法[J]. 软件学报, 2009, 20(10): 2617-2627.

[50] Chen L, Xu B, Zhou T, et al. Applying generalization refactoring to Java generic programs[C]// IEEE International Workshop on Semantic Computing and Systems, Huangshan, 2008.

[51] Stroustrup B. Evolving a language in and for the real world:C++ 1991-2006[C]//Proceedings of the 3rd ACM SIGPLAN Conference on History of Programming Languages, New York, 2007.

[52] Reis G D, Jarvi J. What is generic programming[C]// Proceedings of the 1st International Workshop on Library-Centric Software Design, Los Angeles, 2005.

[53] Stroustrup B. What is C++ 0x[J]. C/C++Users Journal, 2005, 23(5):1-5.

[54] Xue J. Developing the generic path algorithmic program and its instantiations using PAR method[C]//Proceedings of the 2nd Asian Workshop on Programming Languages, Daejeon, 2001.

[55] Xue J. A practicable approach for formal development of algorithmic programs[C]//Proceedings of the International Symposium on Future Software Technology, Nanjing, 1999.

[56] 蓬颖, 郑国梁. 抽象数据类型及其代数规格说明[J]. 计算机科学, 1988, 3: 67-72.

[57] 郑国梁, 蓬颖. 代数规格说明及其转换系统[J]. 计算机学报, 1988, 12: 705-716.

[58] Siek J G, Lumsdaine A. Essential language support for generic programming[J]. ACM SIGPLAN Notices, 2005, 40(6): 73-84.

[59] 陈林, 徐宝文. 基于源代码静态分析的 C++0x 泛型概念抽取[J]. 计算机学报, 2009, 32(9): 1792-1803.

[60] Wang C, Xue J. Formal derivation of a high-trustworthy generic algorithmic program for solving a class of path problems[C]//International Workshop on Frontiers in Algorithmics, Berlin, 2009.

[61] Wang C, Xue J. Formal derivation of a generic algorithmic program for solving a class of extremum problems[C]//The 10th ACIS International Conference on Software Engineering,

Artificial Intelligences, Networking and Parallel/Distributed Computing, Daegu, 2009.
[62] 陈火旺. 程序设计方法学基础[M]. 长沙: 湖南科学技术出版社, 1987.
[63] Gries D. The Science of Programming[M]. New York: Springer Verlag, 1981.
[64] Xue J. Two new strategies for developing loop invariants and their applications[J]. Journal of Computer Science and Technology, 1993, 8(2): 147-154.
[65] 丁志义，宋国新，邵志清. 泛型程序的多型值构造[J]. 华东理工大学学报(自然科学版), 2006, 32(8): 967-969, 1006.
[66] Stroustrup B. The C++ Programming Language[M]. New York: Pearson Education India, 2000.
[67] Reis G D, Stroustrup B. Specifying C++ concepts[J]. ACM SIGPLAN Notices, 2006, 41(1): 295-308.
[68] Reis G D, Stroustrup B. Concepts[R]. Geneva: ISO/IEC, 2006.
[69] Von Dincklage D, Diwan A. Converting Java classes to use generics[C]//Proceedings of the 19th Annual ACM SIGPLAN Conference on Object-oriented Programming, Systems, Languages, and Applications, Vancouver, 2004.
[70] Meyer B. Static typing[C]//Proceedings of the 10th Annual Conference on Object-oriented Programming Systems, Languages, and Applications (addendum), New York, 1995.
[71] Jones M P. Type classes with functional dependencies[C]//European Symposium on Programming, Berlin, 2000.